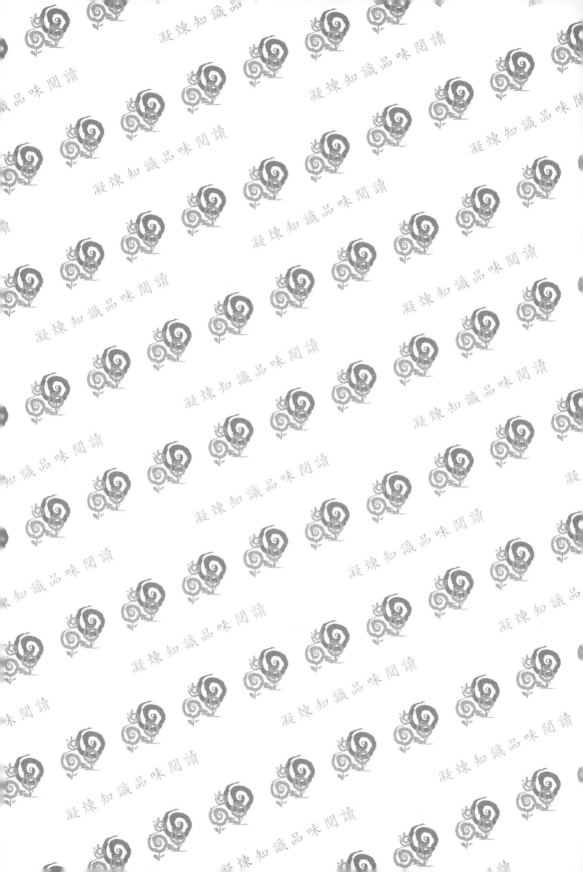

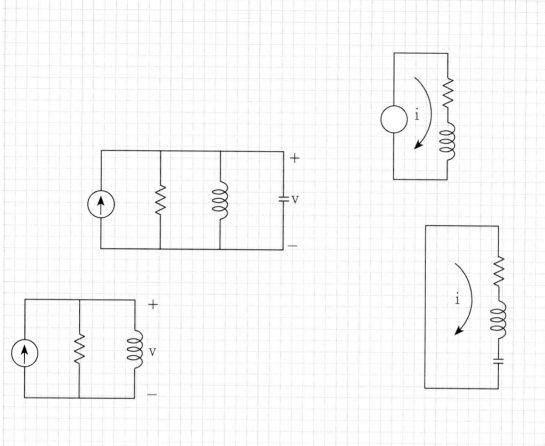

第一次學
工程數學就上手⑴
微積分與微分方程式

林振義　著

五南圖書出版公司 印行

序言

　　我利用「SOP閃通教學法」教我們系上的工程數學課，學生普遍反應良好。學生在期末課程問卷上，寫著「這堂課真的幫了大家不少，以為工數很難，但在老師的教導下，工數就跟小學的數學一樣的簡單，這真的都是拜老師所賜的呀！」「老師很厲害，把一科很不容易學會的科目，一一講解的很詳細。」「老師謝謝您，讓我重新愛上數學。」「高三那年我放棄了數學，自從上您的課後，開始有了變化，而且還有教學影片可以在家裡複習，重點是上課也很有趣。」「一直以來我的數學是學過就忘，難得有老師可以讓我學之後記得那麼久的。」「老師讓工程數學變得非常簡單。」我們的前工學院李院長（目前任教於中山大學）說：「林老師很不容易，將一科很硬的科目，教得讓學生滿意度那麼高。」

　　我也因而得到了：教育部105年師鐸獎、第十屆（2022年）星雲教育獎、明新科大100、104、107、109、111學年度教學績優教師、技職教育熱血老師、私校楷模獎等。我的上課講義《微分方程式》、《拉普拉斯轉換》，分別申請上明新科大104、105年度教師創新教學計畫，並獲選為優秀作品。

　　很多理工商科的基本計算題，如：微積分、工程數學、電路學等，有些人看到題目後，就能很快地將它解答出來，這是因為很多題目的解題方法，都有一個標準的解題流程[註]（SOP，Standards Olving Procedure），只要將題目的數據帶入標準解題流程內，就可以很容易地將該題解答出來。

現在很多老師都將這標準解題流程記在頭腦內，依此流程解題給學生看。但並不是每個學生看完老師的解題後，都能將此解題流程記在腦子裡。

SOP 閃通教學法是：若能將此解題流程寫在黑板上，一步一步的引導學生將此題目解答出來，學生可同時用耳朵聽（老師）解題步驟、用眼睛看（黑板）解題步驟，則可加深學生的印象，學生只要按圖施工，就可以解出相類似的題目來。

SOP 閃通教學法的目的就是要閃通，是將老師記在頭腦內的解題步驟用筆寫出來，幫助學生快速的學習，就如同：初學游泳者使用浮板、初學下棋者使用棋譜、初學太極拳先練太極十八式一樣，這些浮板、棋譜、固定的太極招式都是為了幫助初學者快速的學會游泳、下棋和太極拳，等學生學會了後，浮板、棋譜、固定的太極招式就可以丟掉了。SOP 閃通教學法也是一樣，學會後 SOP 就可以丟掉了，之後再依照學生的需求，做一些變化題。

有些初學者的學習需要藉由浮板、棋譜、SOP 等工具的輔助，有些人則不需要，完全是依據每個人的學習狀況而定，但最後需要藉由工具輔助的學生，和不需要工具輔助的學生都學會了，這就叫做「因材施教」。

我身邊有一些同事、朋友，甚至 IEET 教學委員們直覺上覺得數學怎能 SOP？老師們會把解題步驟（SOP）記在頭腦內，依此解題步驟（SOP）教學生解題，我只是把解題步驟（SOP）寫下來，幫助學生學習，但我的經驗告訴我，對我的學生而言，寫下 SOP 的教學方式會比 SOP 記在頭腦內的教學方式好很多。

　　我這本書就是依據此原則所寫出來的。我利用此法寫一系列的數學套書，包含有：

　1. 第一次學微積分就上手

　2. 第一次學工程數學就上手 (1)—微積分與微分方程式

　3. 第一次學工程數學就上手 (2)—拉氏轉換與傅立葉

　4. 第一次學工程數學就上手 (3)—線性代數

　5. 第一次學工程數學就上手 (4)—向量分析與偏微分方程式

　6. 第一次學工程數學就上手 (5)—複變數

　7. 第一次學機率就上手

　8. 工程數學 SOP 閃通指南（為《第一次學工程數學就上手》(1)～(5) 之精華合集）

　9. 大學學測數學滿級分（I）（II）

　10. 第一次學 C 語言入門就上手

　　它們的寫作方式都是盡量將所有的原理或公式的用法流程寫出來，讓讀者知道如何使用此原理或公式，幫助讀者學會一門艱難的數學。

　　最後，非常感謝五南圖書股份有限公司對此書的肯定，此書才得以出版。本書雖然一再校正，但錯誤在所難免，尚祈各界不吝指教。

林振義

email: jylin ＠ must.edu.tw

註：數學題目的解題方法有很多種，此處所說的「標準解題流程（SOP）」是指教科書上所寫的或老師上課時所教的那種解題流程，等學生學會一種解題方法後，再依學生的需求，去了解其他的解題方法。

教學成果

1. 教育部 105 年**師鐸獎**（教學組）。
2. 星雲教育基金會第十屆（2022 年）星雲教育獎典範教師獎。
3. 教育部 104、105 年全國大專校院社團評選特優獎的社團指導老師（熱門音樂社）。
4. 國家太空中心 107、108、109、110、112 年產學合作計畫主持人。
5. 參加 100、104 年發明展（教育部館）
6. 明新科大 100、104、107、109、111 學年度**教學績優教師**。
7. 明新科大 110、111、112 年特殊優秀人才彈性薪資獎。
8. 獲邀擔任化學工程學會 68 週年年會工程教育論壇講員，演講題目：工程數學 SOP+1 教學法，時間：2022 年 1 月 6~7 日，地點：高雄展覽館三樓。
9. 獲選為技職教育**熱血老師**，接受蘋果日報專訪，於 106 年 9 月 1 日刊出。
10. 107 年 11 月 22 日執行**高教深耕計畫**，同儕觀課與分享討論（主講人）。
11. 101 年 5 月 10 日學校指派出席龍華科大校際**優良教師觀摩講座**主講人。
12. 101 年 9 月 28 日榮獲**私校楷模獎**。
13. 文章「SOP 閃通教學法」發表於師友月刊，2016 年 2 月第 584 期 81 到 83 頁。
14. 文章「**談因材施教**」發表於師友月刊，2016 年 10 月第 592 期 46 到 47 頁。

讀者的肯定

有五位讀者肯定我寫的書，他們寫email來感謝我，內容如下：

(1) 讀者一：

(a) Subject：第一次學工程數學就上手6

林教授，

您好。您的「第一次學工程數學就上手」套書很好，是學習工程數學的好教材。

想請問第6冊機率會出版嗎？什麼時候出版？

(b) 因我發現它是從香港寄來的，我就回信給他，內容如下：

您好

1. 感謝您對本套書的肯定，因前些日子比較忙，沒時間寫，機率最快也要7月以後才會出版

2. 請問您住香港，香港也買的到此書嗎？

謝謝

(c) 他再回我信，內容如下：

林教授，

是的，我住在香港。我是香港城市大學電機工程系畢業生。在考慮報讀碩士課程，所以把工程數學溫習一遍。

在香港的書店有「第一次學工程數學就上手」的套書，唯獨沒有「6機率」。因此來信詢問。希望7月後您的書能夠出版。

(2) 讀者二：

標題：林振義老師你好

林振義老師你好，出社會許多年的我，想要準備考明年的研究所考試。

　　就學時，一直對工程數學不擅長，再加上很久沒念書根本不知道從哪邊開始讀起。

　　因緣際會在網路上看到老師出的「第一次學工程數學就上手」系列，翻了幾頁覺得很有趣，原來工數可以有這麼淺顯易懂的方式來表達。

　　然後我看到老師這系列要出四本，但我只買到兩本所以我想問老師，3 的線代跟 4 的向量複變什麼時候會出，想早點買開始準備

謝謝老師

(3) 讀者三：

標題：SOP 閃通讀者感謝老師

林教授 您好，

　　感謝您，拜讀老師您的大作，SOP 閃通教材第一次學工程數學系列，對個人的數學能力提升，真的非常有效，超乎想像的進步，在此　誠懇　感謝老師，謝謝您～

(4) 讀者四：

標題：第一次學工程數學就上手

林老師，您好

　　我是您的讀者，對於您的第一次學工程數學就上手系列很喜歡。請問第四冊有預計何時出版嗎？

很希望能夠儘快拜讀，謝謝。

(5) 讀者五：

標題：老師您好

老師您好

因緣際會買了老師您的，第一次學工程數學就上手的 1 2

覺得書實在太棒了！

想請問老師 3 和 4，也就是線代和向量的部分，書會出版發行嗎？

目錄

第 1 篇

微積分

羅必達（L' Hospital）

　　法國世襲軍官，其後因視力嚴重衰退，改做數學家。他在數學上的成就主要在微積分，尤其是著作中直觀意念來自其導師約翰·伯努利的羅必達法則，更大大地減低微分運算的難度。

微積分篇簡介

我教我們系上學生的微分方程式時，有些學生告訴我說：微分方程式最難的地方是解題到最後，要把答案算出來的積分。

有鑑於此，本書第一單元將介紹如何解微分和解積分：

1. 微分：微分相對簡單，大多數的題目可用「微分連鎖律」法解出來，本章的微分只介紹「微分連鎖律」；

2. 積分：積分因其題型較多，不同的題型要用不同的方法解題，所以相對比較難些。本章只介紹微分方程式中常見的積分題型，有：

   (a) 基本函數的積分；

   (b) 變數變換法；

   (c) 分部積分法；

   (d) 配方法；

   (e) 部分分式法；

   等五種方法。

第 1 章　微分

1.1　微分的定義

1. 〔微分定義〕$f(x)$ 的微分 $f'(x) = \lim\limits_{\Delta x \to 0} \dfrac{f(x + \Delta x) - f(x)}{\Delta x}$。

　　$f(x)$ 的微分可寫成 $f'(x)$、$\dfrac{d}{dx} f(x)$ 或 $D_x f(x)$ 等形式。

2. 〔微分公式〕底下爲一些常見函數的微分公式：

　(1) $f(x) = c$（c 爲常數），則 $f'(x) = 0$

　(2) $f(x) = x^n$，則 $f'(x) = nx^{n-1}$，（n 爲任意實數，$n \neq 0$）

　　　註：(a) x^n 的微分是 n 乘下來後，n 再減 1；

　　　　　(b) 要求 $\sqrt[a]{x^b}$ 的微分時，要先將它改成 $x^{\frac{b}{a}}$ 後，再微分；

　　　　　(c) 要求 $\dfrac{1}{x^n}$ 的微分時，要先將它改成 x^{-n} 後，再微分。

　(3) $f(x) = \sin x$，則 $f'(x) = \cos x$

　(4) $f(x) = \cos x$，則 $f'(x) = -\sin x$

　(5) $f(x) = e^x$，則 $f'(x) = e^x$

　(6) $f(x) = \ln x (= \log_e x)$，則 $f'(x) = \dfrac{1}{x}$

　(7) 若 $f(x) = \sin^{-1} x$，則 $f'(x) = \dfrac{1}{\sqrt{1 - x^2}}$

　(8) 若 $f(x) = \tan^{-1} x$，則 $f'(x) = \dfrac{1}{1 + x^2}$

3. 〔微分性質〕若函數 $f(x)$ 和 $g(x)$ 可微分，且 k 爲一常數，則：

(1) $[kf(x)]' = kf'(x)$，（常數 k 可以提到微分的外面）

(2) $[f(x) + g(x)]' = f'(x) + g'(x)$（相加後再微分等於微完分
後再相加）

(3) $[f(x) \cdot g(x)]' = f'(x) \cdot g(x) + f(x) \cdot g'(x)$（相乘的微分等
於每項各自微
分完後再相加）

(4) $(fgh)' = f'gh + fg'h + fgh'$

(5) $\left[\dfrac{f(x)}{g(x)}\right]' = \dfrac{f'(x) \cdot g(x) - f(x) \cdot g'(x)}{g^2(x)}$

例 1　求下列函數的微分〔相加的微分〕

(a) $f(x) = 2x^4 + 5x^3 + 3x^2 + 2$

(b) $f(x) = 2\sqrt[3]{x^4} + \dfrac{3}{x^3} + \dfrac{2}{x} - \sqrt{x}$

(c) $f(x) = \dfrac{2x^2 + 3x + 1}{\sqrt{x}}$

解　(a) $f'(x) = 2 \cdot 4x^{4-1} + 5 \cdot 3x^{3-1} + 3 \cdot 2x^{2-1} + 0 = 8x^3 + 15x^2 + 6x$

(b) $f(x) = 2x^{\frac{4}{3}} + 3x^{-3} + 2x^{-1} - x^{\frac{1}{2}}$，所以

$$f'(x) = 2 \cdot \frac{4}{3}x^{\frac{4}{3}-1} + 3 \cdot (-3)x^{-3-1} + 2 \cdot (-1)x^{-1-1} - \frac{1}{2}x^{\frac{1}{2}-1}$$

$$= \frac{8}{3}x^{\frac{1}{3}} - 9x^{-4} - 2x^{-2} - \frac{1}{2}x^{\frac{-1}{2}}$$

(c) $f(x) = \dfrac{2x^2 + 3x + 1}{\sqrt{x}} = (2x^2 + 3x + 1) \cdot x^{\frac{-1}{2}}$

$$= 2x^{\frac{3}{2}} + 3x^{\frac{1}{2}} + x^{\frac{-1}{2}}$$

$$f'(x) = 2 \cdot \frac{3}{2} \cdot x^{\frac{3}{2}-1} + 3 \cdot \frac{1}{2} \cdot x^{\frac{1}{2}-1} + (\frac{-1}{2})^{\frac{-1}{2}-1}$$

$$= 3x^{\frac{1}{2}} + \frac{3}{2}x^{\frac{-1}{2}} - \frac{1}{2}x^{\frac{-3}{2}}$$

例 2 求下列函數的微分〔相乘的微分〕

(a) $f(x) = (x^3 + 2x^2 + 3)(x^2 + 2)$

(b) $f(x) = x^2 \cdot \ln x$

(c) $f(x) = x \cdot \tan^{-1} x$

解 (a) $f'(x) = [\dfrac{d}{dx}(x^3 + 2x^2 + 3)] \cdot (x^2 + 2) + (x^3 + 2x^2 + 3) \cdot \dfrac{d}{dx}(x^2 + 2)$

$= (3x^2 + 4x)(x^2 + 2) + (x^3 + 2x^2 + 3)(2x)$

$= 5x^4 + 8x^3 + 6x^2 + 14x$

(b) $f'(x) = \dfrac{d}{dx}(x^2) \cdot \ln x + x^2 \cdot \dfrac{d}{dx}(\ln x)$

$= 2x \cdot \ln x + x^2 \cdot \dfrac{1}{x} = 2x \ln x + x$

(c) $f'(x) = \dfrac{d}{dx}(x) \cdot \tan^{-1} x + x \cdot \dfrac{d}{dx}(\tan^{-1} x)$

$= \tan^{-1} x + \dfrac{x}{1 + x^2}$

例 3 求下列函數的微分〔相除的微分〕

(a) $f(x) = \dfrac{2x^2 + 3x + 5}{x^2 + 1}$

(b) $f(x) = \dfrac{\sin x - \cos x}{\sin x + \cos x}$

解 (a) $f'(x) = \dfrac{\dfrac{d}{dx}(2x^2 + 3x + 5) \cdot (x^2 + 1) - (2x^2 + 3x + 5) \cdot \dfrac{d}{dx}(x^2 + 1)}{(x^2 + 1)^2}$

$$= \frac{(4x+3)(x^2+1)-(2x^2+3x+5)\cdot(2x)}{(x^2+1)^2}$$

$$= \frac{-3x^2-6x+3}{(x^2+1)^2}$$

$$(b)f'(x) = \frac{(\cos x + \sin x)(\sin x + \cos x)-(\sin x - \cos x)(\cos x - \sin x)}{(\sin x + \cos x)^2}$$

$$= \frac{(1+2\sin x \cos x)+(1-2\sin x \cos x)}{(\sin x + \cos x)^2}$$

$$= \frac{2}{(\sin x + \cos x)^2}$$

練習題

求下列函數的導數

1. $f(x) = x^5(x^2+2x+1)$。

　　解　$f'(x) = 7x^6 + 12x^5 + 5x^4$

2. $f(x) = \sqrt{x}(1+x)$。

　　解　$f'(x) = \dfrac{1}{2}x^{\frac{-1}{2}} + \dfrac{3}{2}x^{\frac{1}{2}}$

3. $f(x) = \dfrac{x^2+1}{\sqrt{x}}$。

　　解　$f'(x) = \dfrac{3}{2}x^{\frac{1}{2}} - \dfrac{1}{2}x^{\frac{-3}{2}}$

4. $f(x) = 1 - \dfrac{1}{x^2}$。

　　解　$f'(x) = \dfrac{2}{x^3}$

5. $f(x) = \dfrac{\sin x}{1 - 2\cos x}$ 。

   解 $f'(x) = \dfrac{\cos x - 2}{(1 - 2\cos x)^2}$

6. $f(x) = 4x \cdot \tan^{-1}(x)$ 。

   解 $f'(x) = 4\tan^{-1}(x) + \dfrac{4x}{1 + x^2}$

7. $f(x) = (x^2 + 1)\tan^{-1} x - x^2$ 。

   解 $f'(x) = 2x\tan^{-1} x + 1 - 2x$

1.2　微分的方法

4.〔微分方法〕常見的微分方法有下列二種：

　(1) 基本函數的微分：此也就是前一節的方法；

　(2) 微分的連鎖律：它是合成函數 $f(g(x))$ 的微分。

5.〔**微分的連鎖律**〕它是合成函數的微分，也就是

$$\frac{d}{dx}[f(g(x))] = f'(g(x)) \cdot g'(x)$$

■　它的作法是：從「最外層」開始微分到裡面，即要微分

$$\frac{d}{dx}[f(g(x))] 時，$$

　(1) 先微分 $f(x)$ 的部分（因 $f(x)$ 在 $g(x)$ 的外面），此時把 $g(x)$ 視爲一個大 X，在微 $f(X)$ 時，$g(x)$ 都不變；

　(2) 再微分 $g(x)$（因 $g(x)$ 在 $f(x)$ 的裡面）；

　(3) 將 (1)、(2) 的結果相乘。

■　同理：$\frac{d}{dx}[f(g(h(x)))] = f'(g(h(x))) \cdot g'(h(x)) \cdot h'(x)$，即先微分 $f(X)$ 的部分，再微分 $g(X)$，後微分 $h(x)$，再相乘。

例 4　求下列函數的微分〔微分的連鎖律〕

(a) $f(x) = (x^3 + 3x + 2)^4$

(b) $f(x) = e^{x^2 + 2x + 3}$

(c) $f(x) = \ln(3x^2 + 2x + 1)$

解　(a) 外層是 $(X)^4$，先微分（$= 4X^3$）；內層是 $(x^3 + 3x + 2)$，後微分（$= 3x^2 + 3$），再相乘

$$f'(x) = 4(x^3 + 3x + 2)^3 \cdot \frac{d}{dx}(x^3 + 3x + 2)$$

$$= 4(x^3 + 3x + 2)^3 \cdot (3x^2 + 3)$$

(b) 外層是 e^X，先微分 $(= e^X)$；內層是 $(x^2 + 2x + 3)$，

後微分 $(= 2x + 2)$，再相乘

$$f'(x) = e^{x^2+2x+3} \cdot \frac{d}{dx}(x^2 + 2x + 3) = e^{x^2+2x+3} \cdot (2x + 2)$$

(c) 外層是 $\ln X$，先微分 $(= \frac{1}{X})$；內層是 $(3x^2 + 2x + 1)$，後微分 $(= 6x + 2)$，再相乘

$$f'(x) = \frac{1}{3x^2 + 2x + 1} \cdot \frac{d}{dx}(3x^2 + 2x + 1) = \frac{6x + 2}{3x^2 + 2x + 1}$$

例5 求下列函數的微分〔微分的連鎖律〕

(a) $f(x) = \sin(x^3)$

(b) $f(x) = \sin^3(x)$

(c) $f(x) = \cos^3(2x^2 + 1)$

(d) $f(x) = \cos^3 x + 2\sin x + 3$

解 (a) 外層是 $\sin(X)$，先微分〔$= \cos(X)$〕；內層是 (x^3)，

後微分 $(= 3x^2)$，再相乘

$$f'(x) = \cos(x^3)\frac{d}{dx}x^3 = \cos(x^3) \cdot 3x^2$$

(b) 外層是 $(X)^3$，先微分 $(= 3X^2)$；內層是 $\sin x$，後微分 $(= \cos x)$，再相乘

$$f'(x) = 3\sin^2(x) \cdot \frac{d}{dx}\sin x = 3\sin^2(x) \cdot \cos x$$

(c) 外層是 $(X)^3$，先微分 $(= 3X^2)$；中層是 $\cos(X)$，

次微分 $(= -\sin X)$；內層是 $2x^2 + 1$，後微分 $(=$

4x），再相乘

$$f'(x) = 3\cos^2(2x^2+1) \cdot \frac{d}{dx}\cos(2x^2+1)$$

$$= 3\cos^2(2x^2+1) \cdot [-\sin(2x^2+1)] \cdot \frac{d}{dx}(2x^2+1)$$

$$= -3\cos^2(2x^2+1) \cdot \sin(2x^2+1) \cdot (4x)$$

(d) $f'(x) = 3\cos^2 x \cdot \dfrac{d}{dx}\cos x + 2\cos x$

$$= -3\cos^2 x \cdot \sin x + 2\cos x$$

練習題

求下列函數的導數

1. $f(x) = (x^4 + 3x^3 + 5x^2)^3$。

   解　$f'(x) = 3(x^4 + 3x^3 + 5x^2)^2(4x^3 + 9x^2 + 10x)$

2. $f(x) = e^{2x^2+x-1}$。

   解　$f'(x) = e^{2x^2+x-1}(4x+1)$

3. $f(x) = \ln(x^3 + 2x^2 + x)$。

   解　$f'(x) = \dfrac{3x^2 + 4x + 1}{x^3 + 2x^2 + x}$

4. $f(x) = \ln(x^3 + 2x^2 + x)^3$。

   解　$f'(x) = \dfrac{3(x^3 + 2x^2 + x)^2(3x^2 + 4x + 1)}{(x^3 + 2x^2 + x)^3}$

   $$= \dfrac{3(3x^2 + 4x + 1)}{x^3 + 2x^2 + x}$$

5. $f(x) = \cos(x^3 + 3x)$。

   解　$f'(x) = -(3x^2 + 3)\sin(x^3 + 3x)$

6. $f(x) = \cos^4(x^2 + 2x + 1)$。

   解 $f'(x) = -4\cos^3(x^2 + 2x + 1)\sin(x^2 + 2x + 1)(2x + 2)$

7. $f(x) = \sin^3(2x + 1) + 2\sin(2x + 1) + 3$。

   解 $f'(x) = 6\sin^2(2x + 1)\cos(2x + 1) + 4\cos(2x + 1)$

8. $f(x) = \sqrt{\dfrac{x-1}{x^2+1}}$

   解 $f'(x) = \dfrac{1}{2}\left(\dfrac{x-1}{x^2+1}\right)^{\frac{-1}{2}} \dfrac{(-x^2 + 2x + 1)}{(x^2+1)^2}$

第 **2** 章　積分

2.1　積分的定義

1. 〔**積分的意義**〕積分含有兩個重要的意義，(1) 表示「總和」，即求曲線下的面積；(2) 是找出微分結果的原函數，即是微分的反運算。

2. 〔**定積分和不定積分**〕

   (1) 當積分有標明上、下限時，如 $\int_a^b f(x)dx$，此積分稱為「定積分」，a 稱為此積分的下限，而 b 稱為此積分的上限；

   (2) 當積分沒有標明上、下限時，如 $\int f(x)dx$，此積分稱為「不定積分」。

3. 〔**積分的基本定理**〕積分的基本定理有：

   (1) $\int k\,f(x)\,dx = k\int f(x)\,dx$（常數 k 可以提到積分的外面）

   (2) $\int [f(x)+g(x)]\,dx = \int f(x)\,dx + \int g(x)\,dx$
   （相加後再積分等於積完分後再相加）

4. 〔**積分的求法**〕積分是微分的反運算，即

   (1) 若 $\dfrac{d}{dx}F(x) = f(x)$，則 $\int f(x)dx = F(x)$

   (2) 又因 $\dfrac{d}{dx}c = 0$，則 $\int 0dx = c$

   所以 $\int f(x)dx = \int [f(x)+0]dx = \int f(x)dx + \int 0dx = F(x)+c$，在不定積分的結果，均會加個常數 c。

5.〔基本函數的積分〕基本函數的積分公式如下：

(1) $\int a\, dx = ax + c$（a，c 為常數）

(2) $\int x^n\, dx = \dfrac{x^{n+1}}{n+1} + c$，（$n$ 為任意實數且 $n \neq -1$）

　　註：(a) x^n 的積分是將 n 加 1 後，再將 $(n+1)$ 除下來；

　　　　(b) $\sqrt[a]{x^b}$ 要改成 $x^{\frac{b}{a}}$ 後，再積分；

　　　　(c) $\dfrac{1}{x^n}$ 要改成 x^{-n} 後，再積分。

(3) $\int \dfrac{1}{x} dx = \ln|x| + c$（第 (2) 式 $\int x^n\, dx$ 中，$n = -1$ 的情況）

(4) $\int e^x\, dx = e^x + c$

(5) $\int \sin x\, dx = -\cos x + c$

(6) $\int \cos x\, dx = \sin x + c$

(7) $\int \dfrac{1}{1+x^2}\, dx = \tan^{-1} x + c$（或 $\int \dfrac{1}{a^2+x^2}\, dx = \dfrac{1}{a}\tan^{-1}\dfrac{x}{a} + c$）

(8) $\int \dfrac{1}{\sqrt{1-x^2}}\, dx = \sin^{-1} x + c$（或 $\int \dfrac{1}{\sqrt{a^2-x^2}}\, dx = \sin^{-1}\dfrac{x}{a} + c$）

例 1　求下列的積分值〔基本函數的積分〕

　　(a) 求 $\int \left(x^2 + 2x + 3\right) dx$

　　(b) 求 $\int \left(x^2 \sqrt{x} + \sin x + e^x\right) dx$

　　(c) 求 $\int \left(\dfrac{2}{1+x^2} + \dfrac{3}{\sqrt{1-x^2}} - \dfrac{4}{x}\right) dx$

解　(a) $\int \left(x^2 + 2x + 3\right) dx = \dfrac{1}{3}x^3 + x^2 + 3x + c$

(b) $\int \left(x^2 \sqrt{x} + \sin x + e^x \right) dx = \int \left(x^{\frac{5}{2}} + \sin x + e^x \right) dx$

$$= \frac{1}{\frac{7}{2}} x^{\frac{7}{2}} - \cos x + e^x + c$$

$$= \frac{2}{7} x^{\frac{7}{2}} - \cos x + e^x + c$$

(c) $\int \left(\frac{2}{1+x^2} + \frac{3}{\sqrt{1-x^2}} - \frac{4}{x} \right) dx$

$$= 2 \tan^{-1} x + 3 \cdot \sin^{-1} x - 4 \ln x + c$$

例 2 求下列的積分值〔基本函數的積分〕

(a) 求 $\int (\sqrt{x} - \frac{4}{x^3} + 5x^4) dx$

(b) 求 $\int \frac{(x+3)^2}{\sqrt{x}} dx$

解 (a) $\int (\sqrt{x} - \frac{4}{x^3} + 5x^4) dx = \int (x^{\frac{1}{2}} - 4x^{-3} + 5x^4) dx$

$$= \frac{1}{\frac{3}{2}} x^{\frac{3}{2}} - \frac{4}{-2} x^{-2} + \frac{5}{5} x^5 + c$$

$$= \frac{2}{3} x^{\frac{3}{2}} + 2x^{-2} + x^5 + c$$

(b) $\int \frac{(x+3)^2}{\sqrt{x}} dx = \int x^{\frac{-1}{2}} (x^2 + 6x + 9) dx = \int (x^{\frac{3}{2}} + 6x^{\frac{1}{2}} + 9x^{\frac{-1}{2}}) dx$

$$= \frac{1}{\frac{5}{2}} x^{\frac{5}{2}} + \frac{6}{\frac{3}{2}} x^{\frac{3}{2}} + \frac{9}{\frac{1}{2}} x^{\frac{1}{2}} + c = \frac{2}{5} x^{\frac{5}{2}} + 4x^{\frac{3}{2}} + 18x^{\frac{1}{2}} + c$$

練習題

求下列函數的積分

1. $\int (2x+3)^2 dx$。

　　解　$= \dfrac{4}{3}x^3 + 6x^2 + 9x + c$

2. $\int (x+1)(x+3)dx$。

　　解　$= \dfrac{1}{3}x^3 + 2x^2 + 3x + c$

3. $\int (\sqrt[4]{x^3} - \dfrac{2}{x} + \dfrac{4}{1+x^2} - \dfrac{2}{\sqrt{1-x^2}})dx$。

　　解　$= \dfrac{4}{7}x^{\frac{7}{4}} - 2\ln x + 4\tan^{-1}x - 2\sin^{-1}x + c$

4. $\int \dfrac{(x+1)^2}{\sqrt{x}}dx$。

　　解　$= \dfrac{2}{5}x^{\frac{5}{2}} + \dfrac{4}{3}x^{\frac{3}{2}} + 2x^{\frac{1}{2}} + c$

5. $\int \dfrac{\cos^2 x}{1+\sin x}dx$。

　　解　$= x + \cos x + c$。（註：$\cos^2 x = 1 - \sin^2 x$）

2.2　積分的方法

6.〔**積分方法**〕積分常用的方法有下列五種：

(1) 基本函數的積分：此也就是前一節所介紹的方法。

(2) 變數變換法：積分的式子為 $\int f(g(x)) \cdot g'(x)dx$ 時，可令 $u = g(x)$ 解之。

(3) 分部積分法：利用 $\int u\, dv = uv - \int v\, du$ 解之。

(4) 配方法：本處只討論「分母」是二次多項式：

$$\int \frac{1}{ax^2 + bx + c} dx \text{ 且 } b^2 - 4ac < 0 \text{。}$$

(5) 部分分式法：分母是多項式相乘者，可改成分母是多項式相加。

7.〔**積分的方法—變數變換法**〕若積分的式子為

$\int f(g(x)) \cdot g'(x)dx$ 時，

可令 $u = g(x)$，則 $du = g'(x)dx$，將 u 和 du 代入原積分式子，即 $\int f(g(x)) \cdot g'(x)dx = \int f(u)du$，就可以直接積分了。

說明：它是用一個變數來取代一個多項式（或一個函式）來解題，分子必須要有 $g'(x)$ 才能使用此法解題。

例如：若 $u = g(x) = ax^2 + bx + c$，

二邊微分得 $du = (2ax + b)dx$，

此時分子必須要有 $(2ax + b)$ 的因式（即要有 $g'(x)$）才能使用此方法。

例 3 求下列的積分值〔變數變換法〕

(a) $\int \dfrac{1}{4x+2}dx$

(b) $\int \dfrac{3}{(2x+3)^3}dx$

(c) $\int \cos(4x+3)dx$

(d) $\int e^{(3x+2)}dx$

解 (a) 令 $u = 4x + 2 \Rightarrow du = 4dx \Rightarrow dx = \dfrac{du}{4}$

原式 $= \int \dfrac{1}{u} \cdot \dfrac{du}{4} = \dfrac{1}{4}\ln|u| + c = \dfrac{1}{4}\ln|4x+2| + c$

(b) 令 $u = 2x + 3$ （二邊微分）$\Rightarrow du = 2dx \Rightarrow dx = \dfrac{du}{2}$

原式 $= \int \dfrac{3}{u^3} \cdot \dfrac{du}{2} = \dfrac{3}{2}\int u^{-3}du = \dfrac{3}{2 \cdot (-2)}u^{-2} + c$

$= \dfrac{3}{-4(2x+3)^2} + c$

(c) 令 $u = 4x + 3$ （二邊微分）$\Rightarrow du = 4dx \Rightarrow dx = \dfrac{du}{4}$

將 u 和 du 代入原積分，即

原式 $= \int \cos(u)\dfrac{du}{4} = \dfrac{\sin(u)}{4} + c = \dfrac{\sin(4x+3)}{4} + c$

(d) 令 $u = 3x + 2$ （二邊微分）$\Rightarrow du = 3dx \Rightarrow dx = \dfrac{du}{3}$

將 u 和 du 代入原積分，即

原式 $= \int e^u \dfrac{du}{3} = \dfrac{e^u}{3} + c = \dfrac{e^{3x+2}}{3} + c$

例4 求下列的積分值〔變數變換法〕

(a) $\displaystyle\int \frac{2x+3}{\left(x^2+3x+2\right)^2}\,dx$

(b) $\displaystyle\int (4x-6)\cos(x^2-3x+1)\,dx$

(c) $\displaystyle\int x^2 \cdot e^{2x^3}\,dx$

(d) $\displaystyle\int \cos x \cdot e^{\sin x}\,dx$

解 (a) 令 $u = x^2 + 3x + 2$（二邊微分）$\Rightarrow du = (2x+3)dx$

（註：分子要有 $(2x+3)$ 的因式，才能用變數變換法解）

將 u 和 du 代入原積分，即

$$原式 = \int \frac{1}{u^2}\cdot du = \int u^{-2}du = \frac{1}{(-1)}u^{-1}+c$$

$$= \frac{1}{-(x^2+3x+2)}+c$$

(b) 令 $u = x^2 - 3x + 1 \Rightarrow du = (2x-3)dx$

（註：分子要有 $(2x-3)$ 的因式，才能用變數變換法解）

$$原式 = \int \cos u \cdot 2du = 2\sin u + c = 2\sin(x^2-3x+1)+c$$

(c) 令 $u = 2x^3 \Rightarrow du = 6x^2 dx$

$$原式 = \int \frac{1}{6}e^u du = \frac{1}{6}e^u + c = \frac{1}{6}e^{2x^3}+c$$

(d) $u = \sin x \Rightarrow du = \cos x dx$

$$原式 = \int e^u du = e^u + c = e^{\sin x}+c$$

8.〔**變數變換法的特例**〕特例：設 a, b 為常數，若積分式子 $\displaystyle\int f(g(x))\cdot g'(x)dx$ 的 $g(x) = ax+b$ 時（也就是為一次多項式），令 $u = ax+b$，則 $du = adx$ 可解之。

但因 a 是常數，此種情況有一種比較快的解法：

因 d 是微分符號，所以

(1) $dx = \dfrac{d(ax)}{a}$。（分子分母同乘一個常數 a，等號不變）

(2) $dx = d(x + b)$。（因 d 是微分符號，後面加一常數 b，

此常數微分後會變成 0，所以等號不變）

所以 $dx = \dfrac{d(ax + b)}{a}$，此時的 $d(ax + b)$ 就是前面的

$d(g(x)) = g'(x)\,dx$，就可以直接積分了。

例 5 求下列的積分值〔變數變換法〕

(a) $\displaystyle\int \frac{2}{3x + 4} dx$

(b) $\displaystyle\int \frac{5}{(2x + 5)^4} dx$

(c) $\displaystyle\int \cos(4x - 3)\,dx$

(d) $\displaystyle\int 3e^{(2x-5)}\,dx$

解 (a) $\displaystyle\int \frac{2}{3x + 4}\,dx = 2\int \frac{1}{3x + 4} \frac{d(3x)}{3} = 2\int \frac{1}{(3x + 4)} \frac{d(3x + 4)}{3}$

$\qquad = \dfrac{2}{3}\displaystyle\int \frac{1}{(3x + 4)} d(3x + 4) = \dfrac{2}{3}\ln|3x + 4| + c$

(b) $\displaystyle\int \frac{5}{(2x + 5)^4}\,dx = 5\int (2x + 5)^{-4} \frac{d(2x)}{2}$

$\qquad = 5\displaystyle\int (2x + 5)^{-4} \frac{d(2x + 5)}{2}$

$\qquad = \dfrac{5}{2}\displaystyle\int (2x + 5)^{-4} d(2x + 5)$

$\qquad = -\dfrac{5}{6}(2x + 5)^{-3} + c$

(c) $\int \cos(4x-3)\,dx = \int \cos(4x-3)\dfrac{d(4x)}{4}$

$\qquad = \int \cos(4x-3)\dfrac{d(4x-3)}{4} = \dfrac{\sin(4x-3)}{4} + c$

(d) $\int 3e^{(2x-5)}\,dx = 3\int e^{(2x-5)}\dfrac{d(2x)}{2}$

$\qquad\qquad = 3\int e^{(2x-5)}\dfrac{d(2x-5)}{2} = \dfrac{3e^{2x-5}}{2} + c$

練習題

求下列函數的積分

1. $\int \dfrac{1}{(4x+3)^5}\,dx$。

   【解】 $= \dfrac{-1}{16(4x+3)^4} + c$

2. $\int \sin(2x-5)\,dx$。

   【解】 $= \dfrac{-1}{2}\cos(2x-5) + c$

3. $\int e^{(4x+6)}\,dx$。

   【解】 $= \dfrac{1}{4}e^{(4x+6)} + c$

4. $\int \dfrac{x^2+2x+1}{\left(x^3+3x^2+3x\right)^3}\,dx$。

   【解】 $= \dfrac{-1}{6(x^3+3x^2+3x)^2} + c$

5. $\int (2x^3+1)\sqrt{x^4+2x}\,dx$。

[解] $= \dfrac{1}{3}(x^4+2x)^{\frac{3}{2}}+c$

6. $\displaystyle\int(4x+2)\sin(x^2+x)dx$。

[解] $= -2\cos(x^2+x)+c$

7. $\displaystyle\int x\cdot e^{3x^2}dx$。

[解] $= \dfrac{1}{6}e^{3x^2}+c$

8. $\displaystyle\int(2+2\cos x)\cdot e^{(x+\sin x)}dx$。

[解] $= 2e^{(x+\sin x)}+c$

9. $\displaystyle\int(x+1)\cos(x^2+2x+3)dx$

[解] $= \dfrac{1}{2}\sin(x^2+2x+3)+c$

9.〔積分的方法—分部積分法〕由微分公式知（底下是公式推導）

$$\left[f(x)\cdot g(x)\right]' = f'(x)\cdot g(x)+f(x)\cdot g'(x)$$

（二邊對 x 積分）

$$f(x)\cdot g(x) = \int f'(x)\cdot g(x)dx+\int f(x)\cdot g'(x)dx$$

（移項）$\displaystyle\int f'(x)g(x)dx = f(x)g(x)-\int f(x)\cdot g'(x)dx$

因 $f'(x)dx = df(x)$ 且 $g'(x)dx = dg(x)$

所以上式可改寫成 $\displaystyle\int g(x)df(x) = f(x)g(x)-\int f(x)dg(x)$

若將上式 $g(x)$ 改成 u，$f(x)$ 改成 v

則上式可改寫成 $\displaystyle\int u\,dv = uv-\int v\,du$

10.〔分部積分法的用法 (I)〕若要求二函數相乘的積分時，其作法為：

(1) 找其中一個函數（dv）來積分，另一個函數不變（u 不變）（即上述的 udv 變成 uv）

(2) 減去

(3) 剛才積分的函數不變（v 不變），剛才不變的函數微分（u 變成 du）（即上述的 $-\int v\,du$）

也就是 $\int u\,dv = uv - \int v\,du$

11. 〔分部積分法的用法 (II)〕上述的步驟中，要先找哪個函數來積分（dv），哪個來微分（u）呢？

(1) 若有 $\ln x$ 或 $\tan^{-1} x$ 項時，它們二個一定要微分，因 $\dfrac{d}{dx}\ln x = \dfrac{1}{x}$ 和 $\dfrac{d}{dx}\tan^{-1} x = \dfrac{1}{1+x^2}$，可變成多項式，會很好處理。

(2) 若有 x^n 項時，它要用微分，因它的積分 $\int x^n dx = \dfrac{x^{n+1}}{n+1}$，變成 x 的 $(n+1)$ 次方，會越積越大。

(3) 若同時出現 (1)(2) 時，例如：$\int x \cdot \tan^{-1} x dx$，則 (1) 用微分，(2) 用積分（因為 (1) 不好積分）。

(4) $\sin x$、$\cos x$ 或 e^x 可拿來積分或微分。

例 6 求下列的積分值〔分部積分法〕

(a) $\int x \sin x dx$

(b) $\int \ln x dx$

解 (a) 用 $\sin x$ 來積分（$\int \sin x dx = -\cos x$），x 來微分（$\dfrac{d}{dx} x = 1$）。

所以

$$\int x \sin x \, dx = x \cdot (-\cos x) - \int (-\cos x) \cdot 1 \, dx$$

$$= -x \cos x + \int \cos x \, dx$$

$$= -x \cos x + \sin x + c$$

(b) 因 $\ln x = 1 \cdot \ln x$，用 1 $(= x^0)$ 來積分 $\left(\int 1 dx = x\right)$，

$\ln x$ 來微分 $\left(\dfrac{d}{dx} \ln x = \dfrac{1}{x}\right)$。所以

$$\int \ln x \, dx = x \ln x - \int x \cdot \frac{1}{x} \, dx = x \ln x - \int 1 \, dx$$

$$= x \ln x - x + c$$

例 7　求 $\int e^x \cos x \, dx$〔分部積分法〕

解　本題可以任意選一個函數 $(e^x$ 或 $\cos x)$ 來積分，另一個
函數來微分，此處選用 $\cos x$ 來積分 $\left(\int \cos x \, dx = \sin x\right)$，
e^x 來微分 $\left(\dfrac{d}{dx} e^x = e^x\right)$。所以

$$\int e^x \cos x \, dx = e^x \sin x - \int e^x \sin x \, dx \, , \cdots\cdots(1)$$

上式 $\int e^x \sin x \, dx$ 要用分部積分法再做一次，其選的微
分和積分要和第一次做時所選的微分和積分相同，也
就是選用 $\sin x$ 來積分 $\left(\int \sin x \, dx = -\cos x\right)$，$e^x$ 來微分
$\left(\dfrac{d}{dx} e^x = e^x\right)$。即

$$\int e^x \sin x \, dx = e^x (-\cos x) - \int e^x (-\cos x) dx \quad (\text{代入 (1) 式})$$

$$\int e^x \cos x \, dx = e^x \sin x - \left[-e^x \cos x + \int e^x \cos x \, dx \right]$$

$$\Rightarrow \int e^x \cos x \, dx = e^x \sin x + e^x \cos x - \int e^x \cos x \, dx$$

（等號左右兩邊均有 $\int e^x \cos x \, dx$，將它們併在一起）

$\Rightarrow \int e^x \cos x \, dx = \dfrac{1}{2}\left[e^x \sin x + e^x \cos x \right] + c$

例8 求 $\int x^2 e^x dx$ 〔分部積分法〕

解 用 e^x 來積分 $\left(\int e^x dx = e^x \right)$，$x^2$ 來微分 $\left(\dfrac{d}{dx} x^2 = 2x \right)$。所以

$\int x^2 e^x dx = x^2 e^x - \int 2x e^x dx \cdots\cdots(1)$

$\int 2x e^x dx$ 要再用分部積分法做一次，用 e^x 來積分，x 來微分 $\left(\dfrac{d}{dx} x = 1 \right)$。所以

$\int 2x e^x dx = 2x e^x - \int 2 e^x dx = 2x e^x - 2 e^x + c$（代入 (1) 式）

$\int x^2 e^x dx = x^2 e^x - \left(2x e^x - 2 e^x + c \right) = x^2 e^x - 2x e^x + 2 e^x - c$

12.〔分部積分法的速解法〕有些題目要做二次（或以上）才能解出答案（如例 8），其可用下面快速解題法來解題（見例 9）。

例9 求 $\int x^2 e^x dx$ 〔分部積分法〕

解 此題可用下法來快速解題，此題用 x^2 來微分，e^x 來積分。其中（見下圖）：

(1) x^2 的微分一直要微到 0 才停止；

(2) e^x 積分一直積上去；

(3) 下圖中箭頭的二項要相乘起來（微分第一項和積分第二項相乘，依此類推）；

(4) 正負號為：一正一負依序到最後。

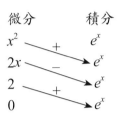

所以 $\int x^2 e^x dx = x^2 e^x - 2xe^x + 2e^x + c$（$c$ 是一常數，其正負號不影響本題的結果）。

練習題

求下列函數的積分

1. $\int \tan^{-1} x\, dx$。

   解　$x \tan^{-1} x - \dfrac{1}{2}\ln(1+x^2) + c$

2. $\int (x+1)\ln x\, dx$。

   解　$= \dfrac{(x+1)^2}{2}\ln x - \dfrac{x^2}{4} - x - \dfrac{\ln x}{2} + c$

3. $\int x\cos x\, dx$。

   解　$= x\sin x + \cos x + c$

4. $\int e^x \sin x\, dx$。

   解　$\dfrac{1}{2}(e^x \sin x - e^x \cos x) + c$

5. $\int x^2 \cos x dx$。

   解　$= x^2 \sin x + 2x \cos x - 2 \sin x + c$

---

13. 〔積分的方法—配方法〕本處只討論「分母」是二次多項式：

$$\int \frac{1}{ax^2 + bx + c} dx \text{ 且 } b^2 - 4ac < 0 ，$$

分母可配方成 $\int \dfrac{1}{d^2 + (mx + n)^2} dx$，（因 $b^2 - 4ac < 0$）。

■ 解 $\int \dfrac{1}{a^2 + (bx + c)^2} dx$ 題型

   (a) 由前面的公式知：$\int \dfrac{1}{a^2 + x^2} dx = \dfrac{1}{a} \tan^{-1} \dfrac{x}{a} + c$ 可解之

   (b) 解題步驟爲：以 $\int \dfrac{1}{a^2 + (bx + c)^2} dx$ 爲例來說明

   (i) 將 dx 改成 $d(bx + c)$，即 $dx = \dfrac{1}{b} \cdot d(bx + c)$，

      所以原式 $\Rightarrow \int \dfrac{1}{a^2 + (bx + c)^2} \cdot \dfrac{1}{b} d(bx + c)$

   (ii) 代 $\int \dfrac{1}{a^2 + x^2} dx = \dfrac{1}{a} \tan^{-1} \dfrac{x}{a} + c$ 公式直接積分，

      所以結果爲：

$$\int \frac{1}{a^2 + (bx + c)^2} dx = \frac{1}{b} \int \frac{1}{a^2 + (bx + c)^2} d(bx + c)$$

$$= \frac{1}{ab} \tan^{-1} \left(\frac{bx + c}{a} \right) + c_1$$

例 10 求下列的積分值

(a) $\int \dfrac{3}{4+x^2}dx$

(b) $\int \dfrac{3x}{4+x^2}dx$

(c) $\int \dfrac{1}{9+(2x+3)^2}dx$

解 (a) $\int \dfrac{3}{4+x^2}dx = 3 \cdot \int \dfrac{1}{2^2+x^2}dx = \dfrac{3}{2}\tan^{-1}\left(\dfrac{x}{2}\right)+c$

(b) 令 $4+x^2 = u$，$du = 2xdx$，

$$原式 = \int \dfrac{3 \cdot \dfrac{du}{2}}{u} = \dfrac{3}{2}\ln|u| + c = \dfrac{3}{2}\ln\left(4+x^2\right)+c$$

註：此題放此處的目的是要提醒大家，分子必須是
常數，若分子有 x 項，要用變數變換法解

(c) 因 $dx = \dfrac{1}{2}d(2x+3)$，所以

$$\int \dfrac{1}{9+(2x+3)^2}dx = \int \dfrac{1}{3^2+(2x+3)^2} \cdot \dfrac{1}{2}d(2x+3)$$

$$= \dfrac{1}{2} \cdot \dfrac{1}{3}\tan^{-1}\left(\dfrac{2x+3}{3}\right)+c$$

$$= \dfrac{1}{6}\tan^{-1}\left(\dfrac{2x+3}{3}\right)+c$$

例 11 求下列的積分值〔配方法〕

(a) $\int \dfrac{1}{x^2+4x+6}dx$

(b) $\int \dfrac{1}{2x^2+4x+14}dx$

解 (a) $\displaystyle\int \frac{1}{x^2+4x+6}dx = \int \frac{1}{2+(x+2)^2}dx = \int \frac{1}{\left(\sqrt{2}\right)^2+(x+2)^2}dx$

因 $dx = d(x+2)$，所以

$\displaystyle 原式 = \int \frac{1}{\left(\sqrt{2}\right)^2+(x+2)^2}d(x+2) = \frac{1}{\sqrt{2}}\tan^{-1}\left(\frac{x+2}{\sqrt{2}}\right)+c$

(b) $\displaystyle\int \frac{1}{2x^2+4x+14}dx = \int \frac{\frac{1}{2}}{x^2+2x+7}dx$

$\displaystyle = \int \frac{\frac{1}{2}}{\left(\sqrt{6}\right)^2+(x+1)^2}dx$

因 $dx = d(x+1)$，所以

$\displaystyle 原式 = \int \frac{\frac{1}{2}}{(\sqrt{6})^2+(x+1)^2}d(x+1) = \frac{1}{2\sqrt{6}}\tan^{-1}\left(\frac{x+1}{\sqrt{6}}\right)+c$

練習題

求下列函數的積分

1. $\displaystyle\int \frac{3}{9+4x^2}dx$。

   解 $\displaystyle\frac{1}{2}\tan^{-1}(\frac{2}{3}x)+c$

2. $\displaystyle\int \frac{3x}{9+4x^2}dx$。

   解 $\displaystyle\frac{3}{8}\ln(9+4x^2)+c$

3. $\displaystyle\int \frac{1}{x^2+4x+8}dx$。

〔解〕 $\displaystyle\frac{1}{2}\tan^{-1}\frac{x+2}{2}+c$

4. $\displaystyle\int \frac{1}{2x^2+4x+8}dx$。

〔解〕 $\displaystyle\frac{1}{2\sqrt{3}}\tan^{-1}\frac{x+1}{\sqrt{3}}+c$

---

14. 〔積分的方法─部分分式法〕部分分式法可將分母是多項式「相乘」的分式改成多項式「相加」的式子，也就是此方法可解 $\displaystyle\int \frac{g(x)}{(x+a)(x+b)^3(x^2+cx+d)(x^2+ex+f)^2}dx$ 題型。

■ 其解題方法為：

(1) 先用部分分式法，將分母相乘轉換成分母相加，即

$$\frac{g(x)}{(x+a)(x+b)^3(x^2+cx+d)(x^2+ex+f)^2}\quad（\text{分子的次方}$$

$$\text{要小於分母的次方）}$$

$$= \frac{k_1}{x+a} + \frac{k_2}{(x+b)} + \frac{k_3}{(x+b)^2} + \frac{k_4}{(x+b)^3} + \frac{k_5 x+k_6}{x^2+cx+d}$$

$$+ \frac{k_7 x+k_8}{x^2+ex+f} + \frac{k_9 x+k_{10}}{(x^2+ex+f)^2}$$

其中 $k_1, k_2, k_3, \cdots k_{10}$ 是未知數，可通分後有多種方法可解之（請參閱例題說明）。

(2)再二邊積分，即可各個擊破。

15.〔分母是二次式的積分〕分母是二次式的積分，如

$\int \dfrac{dx+e}{ax^2+bx+c}$ 項，它要分成下列二種情況來討論：

(1)$b^2-4ac>0$，則 $ax^2+bx+c=a(x-\alpha)(x-\beta)$，此時用部分分式法解

(2)$b^2-4ac=0$，

　(a) 若分子沒有 x 項（即 $d=0$），則用變數變換法解

　(b) 若分子有 x 項，則用部分分式法解

(3)$b^2-4ac<0$，則 $ax^2+bx+c=a(x+\alpha)^2+\beta^2$，

　(a) 若分子沒有 x 項（即 $d=0$），則結果爲 $\tan^{-1}$ 形態（見例 10、例 11）；

　(b) 若分子有 x 項，則要分成二項（見例 15）：

$$\dfrac{dx+e}{ax^2+bx+c}=\dfrac{\dfrac{d}{2a}\cdot(2ax+b)}{ax^2+bx+c}+\dfrac{(e-\dfrac{d\cdot b}{2a})}{ax^2+bx+c}，其中：$$

　(i) 第一項的 $(2ax+b)$ 是由 $\dfrac{d}{dx}(ax^2+bx+c)$ 求得，令 $u=ax^2+bx+c$ 來解；

　(ii) 第二項的結果爲 $\tan^{-1}$ 形態（見例 10、例 11）。

例 12 求 $\int \dfrac{1}{x^2-x-2}\,dx$〔部分分式法〕

解 $\int \dfrac{1}{x^2-x-2}\,dx=\int \dfrac{1}{(x+1)(x-2)}\,dx$

令 $\dfrac{1}{(x+1)(x-2)}=\dfrac{a}{x+1}+\dfrac{b}{x-2}$，（$a,b$ 是未知數）

二邊同乘 $(x+1)(x-2) \Rightarrow 1 = a(x-2) + b(x+1)$

(1) $x = -1$ 代入 $\Rightarrow 1 = a(-1-2) + b \cdot 0 \Rightarrow a = -\dfrac{1}{3}$

(2) $x = 2$ 代入 $\Rightarrow 1 = a(2-2) + b(2+1) \Rightarrow b = \dfrac{1}{3}$

解得 $a = -\dfrac{1}{3}$，$b = \dfrac{1}{3}$。

原式 $= \displaystyle\int \frac{-\dfrac{1}{3}}{x+1}\, dx + \int \frac{\dfrac{1}{3}}{x-2} dx = -\frac{1}{3}\ln|x+1| + \frac{1}{3}\ln|x-2| + c$

例 13 求 $\displaystyle\int \frac{x}{x^2 - 6x + 9}\, dx$〔部分分式法〕

解 $\dfrac{x}{x^2 - 6x + 9} = \dfrac{x}{(x-3)^2} = \dfrac{a}{x-3} + \dfrac{b}{(x-3)^2}$，$(a, b$ 是未知數$)$

二邊同乘 $(x-3)^2 \Rightarrow x = a(x-3) + b$

(1) $x = 3$ 代入 $\Rightarrow 3 = a \cdot 0 + b \Rightarrow b = 3$

(2) 比較 x 的係數 $\Rightarrow a = 1$

解得 $a = 1$，$b = 3$。

原式 $= \displaystyle\int \frac{1}{x-3}\, dx + \int \frac{3}{(x-3)^2}\, dx$

$\quad\quad = \displaystyle\int \frac{1}{(x-3)}\, d(x-3) + \int 3(x-3)^{-2}\, d(x-3)$

$\quad\quad = \ln|x-3| - 3(x-3)^{-1} + c$

註：此題分子若是常數，則用變數變換法解。

例 14 求 $\displaystyle\int \frac{x^4 - 2x + 3}{(x-1)^5}\, dx$〔部分分式法〕

解 利用綜合除法，$x^4 - 2x + 3$ 除以 $x-1$ 得：

$$x^4 - 2x + 3 = (x-1)^4 + 4(x-1)^3 + 6(x-1)^2 + 2(x-1) + 2$$

所以 $\dfrac{x^4 - 2x + 3}{(x-1)^5} = \dfrac{1}{x-1} + \dfrac{4}{(x-1)^2} + \dfrac{6}{(x-1)^3} + \dfrac{2}{(x-1)^4} + \dfrac{2}{(x-1)^5}$

二邊積分

$$\Rightarrow \int \frac{x^4 - 2x + 3}{(x-1)^5} dx = \int \frac{1}{x-1} dx + 4\int \frac{1}{(x-1)^2} dx + 6\int \frac{1}{(x-1)^3} dx$$

$$+ 2\int \frac{1}{(x-1)^4} dx + 2\int \frac{1}{(x-1)^5} dx$$

$$= \ln|x-1| - \frac{4}{x-1} - \frac{3}{(x-1)^2} - \frac{2}{3(x-1)^3}$$

$$- \frac{1}{2(x-1)^4} + c$$

例 15　求 $\displaystyle\int \frac{2x+4}{x^2+6x+11} dx$

解　$\displaystyle\int \frac{2x+4}{x^2+6x+11} dx = \int \frac{(2x+6)-2}{x^2+6x+11} dx$

$$= \int \frac{2x+6}{x^2+6x+11} dx - \int \frac{2dx}{x^2+6x+11}$$

(1) 第一項中，令 $x^2 + 6x + 11 = y$，則 $dy = (2x+6)dx$

$$\Rightarrow \int \frac{2x+6}{x^2+6x+11} dx = \int \frac{1}{y} dy = \ln(x^2+6x+11)$$

(2) 第二項中，$\displaystyle\int \frac{2dx}{x^2+6x+11} = 2\int \frac{dx}{(x+3)^2+2}$ ，

$$\Rightarrow 2\int \frac{1}{(\sqrt{2})^2 + (x+3)^2} dx = 2\int \frac{1}{(\sqrt{2})^2 + (x+3)^2} d(x+3)$$

$$= \frac{2}{\sqrt{2}} \tan^{-1}\left(\frac{x+3}{\sqrt{2}}\right)$$

由 (1)(2) ⇒ 原式 $= \ln\left(x^2 + 6x + 11\right) - \dfrac{2}{\sqrt{2}}\tan^{-1}\left(\dfrac{x+3}{\sqrt{2}}\right) + c$

例 16 （本題將分母是二次式的積分做個總整理），求

(1) $\displaystyle\int \dfrac{2x}{x^2 + 4x + 3}dx$ ；

(2) $\displaystyle\int \dfrac{x^2}{x^2 + 4x + 3}dx$ ；

(3) $\displaystyle\int \dfrac{2}{x^2 + 4x + 4}dx$ ；

(4) $\displaystyle\int \dfrac{2x}{x^2 + 4x + 4}dx$ ；

(5) $\displaystyle\int \dfrac{2}{x^2 + 4x + 5}dx$ ；

(6) $\displaystyle\int \dfrac{2x}{x^2 + 4x + 5}dx$ ；

解 (1) 分母判別式大於 0，用部分分式法解

$\displaystyle\int \dfrac{2x}{x^2 + 4x + 3}dx = \int \dfrac{2x}{(x+1)(x+3)}$

$\displaystyle = \int \dfrac{-1}{(x+1)}dx + \int \dfrac{3}{(x+3)}dx$

$\displaystyle = \int \dfrac{-1}{(x+1)}d(x+1) + \int \dfrac{3}{(x+3)}d(x+3)$

$\displaystyle = -\ln|x+1| + 3\ln|x+3| + c$

(2) 分子次方大於等於分母次方，要先化成帶分式，又

分母判別式大於 0，再用部分分式法解

$$\dfrac{x^2}{x^2 + 4x + 3} = 1 + \dfrac{-4x-3}{x^2+4x+3} = 1 + \dfrac{\frac{1}{2}}{(x+1)} + \dfrac{-\frac{9}{2}}{(x+3)}$$

（二邊積分）

$$\Rightarrow \int \frac{x^2}{x^2+4x+3}dx = \int 1dx + \int \frac{\dfrac{1}{2}}{(x+1)}dx + \int \frac{-\dfrac{9}{2}}{(x+3)}dx$$

$$= x + \frac{1}{2}\ln|x+1| - \frac{9}{2}\ln|x+3| + c$$

(3) 分母判別式等於 0，分子為常數，用變數變換法解

$$\int \frac{2}{x^2+4x+4}dx = \int \frac{2}{(x+2)^2}dx = \int 2(x+2)^{-2}d(x+2)$$

$$= -2(x+2)^{-1} + c$$

(4) 分母判別式等於 0，分子有 x 項，用部分分式法解

$$\int \frac{2x}{x^2+4x+4}dx = \int \frac{2x}{(x+2)^2}dx = \int \frac{2}{(x+2)}dx + \int \frac{-4}{(x+2)^2}dx$$

$$= \int \frac{2}{(x+2)}d(x+2) + \int -4(x+2)^{-2}d(x+2)$$

$$= 2\ln|x+2| + 4(x+2)^{-1} + c$$

(5) 分母判別式小於 0，分子為常數，是 $\tan^{-1}$ 形式

$$\int \frac{2}{x^2+4x+5}dx = \int \frac{2}{1+(x+2)^2}d(x+2) = 2\tan^{-1}(x+2) + c$$

(6) 分母判別式小於 0，分子有 x 項，要分成二項，有 x 項的要用變數變換法解，常數項的是 $\tan^{-1}$ 形式

$$\int \frac{2x}{x^2+4x+5}dx = \int \frac{2x+4}{x^2+4x+5}dx + \int \frac{-4}{x^2+4x+5}dx$$

$$= \ln(x^2+4x+5) + \int \frac{-4}{1+(x+2)^2}d(x+2)$$

$$= \ln(x^2+4x+5) - 4\tan^{-1}(x+2) + c$$

練習題

求下列函數的積分

1. $\displaystyle\int \frac{x+2}{x^2-1}\,dx$。

　　解　$= -\dfrac{1}{2}\ln|x+1| + \dfrac{3}{2}\ln|x-1| + c$

2. $\displaystyle\int \frac{x}{x^2-4x+4}\,dx$。

　　解　$\ln|x-2| - 2(x-2)^{-1} + c$

3. $\displaystyle\int \frac{2x+3}{x^2+4x+6}\,dx$。

　　解　$= \ln(x^2+4x+6) - \dfrac{1}{\sqrt{2}}\tan^{-1}\left(\dfrac{x+2}{\sqrt{2}}\right) + c$

4. $\displaystyle\int \frac{x+1}{(x-1)^3}\,dx$。

　　解　$= \dfrac{-1}{x-1} - \dfrac{1}{(x-1)^2} + c$

5. $\displaystyle\int \frac{x+2}{x^2(x-1)}\,dx$。

　　解　$= -3\ln|x| + \dfrac{2}{x} + 3\ln|x-1| + c$

6. $\displaystyle\int \frac{x+1}{x^3-x^2-6x}\,dx$。

　　解　$= -\dfrac{1}{6}\ln|x| + \dfrac{4}{15}\ln|x-3| - \dfrac{1}{10}\ln|x+2| + c$

第 2 篇

微分方程式

雅各布·白努力（Jakob Bernoulli）

　　白努力家族代表人物之一，瑞士數學家。被公認的概率論的先驅之一。他是最早使用「積分」這個術語的人，也是較早使用極座標系的數學家之一。還較早闡明隨著試驗次數的增加，頻率穩定在概率附近。他還研究了懸鏈線，確定了等時曲線的方程。概率論中的白努力試驗與大數定理也是他提出來的。

微分方程篇簡介

　　微分方程式是方程式內有微分項者。本篇內容將介紹：

1. 一階常微分方程式：

   此類微分方程式有一個特性，就是「滿足什麼條件，就用什麼方法解之」，此部分共有七種題型。

2. 常係數微分方程式：

   此類微分方程式的係數是常數者，很多工程上的應用都是用此類型的方法解題，例如：電路學用 KVL 或 KCL 列出方程式後，就是用此類微分方程式解題。

3. 其他類型微分方程式：

   本書將不屬於前二類的微分方程式，就放在此處介紹。

第 1 章　基本觀念

1.【何謂微分方程式】

(1) $y(x) = x^2 + 3x + 3$ 為一多項式函數，x 代一值進去，就可得到其對應的 y 值。

(2) $x^2 + 3x + 2 = 0$ 為一方程式，可解出 x 值，此題解為 $x = -1$ 或 $x = -2$。

(3) $\dfrac{dy}{dx} + x = 2$ 為一微分方程式，也就是方程式內有微分項（$\dfrac{dy}{dx}$）者，稱為微分方程式（Differential equation）。其可解出滿足此微分方程式的 $y(x)$ 函數。此題解為 $y = -\dfrac{1}{2}x^2 + 2x + c$。

2.【微分方程式】

(1) 定義：微分方程式是一個含有微分項的方程式。

例如：$\dfrac{dy}{dx} + x = 2$ 或 $y'' + xy' + x = 2$。其中 $\dfrac{dy}{dx} = y'$、

$\dfrac{d^2y}{dx^2} = y''$。

(2) 若微分方程式的最高微分項為 n 次微分，則此微分方程式稱為 n 階微分方程式。

例如：(a) $\dfrac{dy}{dx} + xy^3 = 2$ 為一階微分方程式（最高次微分 y' 為一次微分）；

(b) $y'' + xy' + x = 2$ 為二階微分方程式（最高次微分

y'' 爲二次微分）。

(3)若微分方程式的最高次微分項爲 n 次微分，且此 n 次微分的次冪（order）爲 m 次方，則稱此微分方程式稱爲 m 次微分方程式。

例如：(a) $\dfrac{dy}{dx} + xy^3 = 2$ 爲一次微分方程式

（最高次微分 y' 爲一次方 $\dfrac{dy}{dx}$）；

(b) $(y'')^3 + x(y')^4 + x = 2$ 爲三次微分方程式

（最高次微分 y'' 爲三次方 $(y'')^3$）。

(4)由 (2)(3) 可得出此微分方程式稱爲 n 階 m 次微分方程式。

例如：(a) $\dfrac{dy}{dx} + xy^3 = 2$ 爲一階一次微分方程式

（最高次微分 y' 爲一次方）；

(b) $(y'')^3 + x(y')^4 + x = 2$ 爲二階三次微分方程式

（最高次微分 y'' 爲三次方 $(y'')^3$）。

(5)在 x, y 的微分方程式中，沒有 y（或 y 微分）和其他 y（或 y 微分）相乘者，稱爲線性微分方程式；若有 y（或 y 微分）和其他 y（或 y 微分）相乘者，稱爲非線性微分方程式。

例如：(a) $y'' + xy' + x = 2$ 爲線性微分方程式

（y'' 沒和其他 y 相乘，且 y' 也沒有）；

(b) $y \cdot y'' + xy' + x = 2$ 爲非線性微分方程式

（y 和 y'' 相乘）。

(6)由 (2)(3)(5) 可得出，微分方程式稱爲 n 階 m 次的線性或非線性微分方程式。

例如：(a) $y'' + xy' + x = 2$ 為二階一次線性微分方程式；

(b) $(y''')^2 + xy' + x = 2$ 為三階二次非線性微分方程式（y''' 和 y''' 相乘）。

(7) 微分方程式的解是一個「不含微分項的方程式」，將此方程式代入原微分方程式內，可使原微分方程式的等號成立。

例如：$\dfrac{dy}{dx} = 2$ 為一微分方程式，其解為 $y = 2x + c$，其中 c 為任意數。

(8) n 階微分方程式的解：n 階微分方程式的解會包含 n 個任意變數。

例如：(a) 一階微分方程式：

$$\frac{dy}{dx} = 2 \ （二邊積分）$$

$$\Rightarrow \int \frac{dy}{dx}dx = \int 2dx$$

$$\Rightarrow y = 2x + c$$

（含有 1 個任意數 c）。

(b) 二階微分方程式：

$$\frac{d^2 y}{dx^2} = 2 \ （二邊積分）$$

$$\Rightarrow \frac{dy}{dx} = 2x + c_1 \ （再積分）$$

$$\Rightarrow y = x^2 + c_1 x + c_2$$

（含有 2 個任意數 c_1 和 c_2）。

(c) 依此類推，三階微分方程式含有 3 個任意數 c_1、c_2 和 c_3。

3.【顯函數與隱函數】

(1)顯函數與隱函數的定義

(a)函數 $y = f(x)$ 的表示法中，是將一個 y 變數表示成 x 的「多項式」，此種函數的表示法稱為「顯函數」，即很明顯地將 y 表示出來。

例如：$y = 2x^2 + 3x + 1$。

(b)若函數寫成「方程式」的方式來表示，即 $f(x, y) = 0$，此種將變數 x, y 混在一起的表示法稱為「隱函數」。

例如：$2x^2y^2 + 3x + y = 0$。

(2)微分方程式解的形式可能以「顯函數」表示，也可能以「隱函數」表示。

(3)一階微分方程式常見的表示方式為：

(a)$\dfrac{dy}{dx} = f(x, y)$（可將 dx 乘上來變成 $dy = f(x, y)dx$），或

(b)$M(x, y)dx + N(x, y)dy = 0$。

本篇將介紹如何將此微分方程式解出來。

第 **2** 章　一階常微分方程式

1. 若微分方程式只有一個自變數者，此微分方程式稱爲「常微分方程式（Ordinary differential equation）」。例如：

   (1) $y'' + xy' + x = 2$

   (2) $y \cdot y'' + xy' + x = 2$

   上二式的 x 稱爲自變數，y 稱爲因變數。

2. 若微分方程式含有二個（或以上）的自變數，此微分方程式稱爲「偏微分方程式（Partial differential equation）」。例如：

   (1) $\dfrac{\partial z}{\partial x} + \dfrac{\partial z}{\partial y} = z$

   (2) $\dfrac{\partial^2 z}{\partial x^2} + 2\dfrac{\partial^2 z}{\partial x \partial y} + \dfrac{\partial^2 z}{\partial y^2} = 0$

   上二式的 x、y 稱爲自變數，z 稱爲因變數。

3. 本章所介紹的「一階常微分方程式」的解法都是「當滿足某一條件時，就用該條件下的方法解之」，即「若滿足（條件），則（解法）」。

4. 本章有九種不同的題型，敘述如下：

2.1 變數分離法

• **第一式：變數分離法（Variable separable）**

(1) 若微分方程式可分離成（若滿足）$M(x)dx + N(y)dy = 0$
（即 dx 前面只有 x，dy 前面只有 y），

則二邊積分 $\int M(x)\,dx + \int N(y)\,dy = c$，即可解之。

(2) 一階微分方程式的解含有 1 個任意數 c，此任意數 c 可
用其初始條件求得。

例如：若初始條件是 $y(1) = 2$，表示求出的解用 $x = 1$，
$y = 2$ 代入，可求得 c。

例 1 求 $dx - 3xy^2\,dy = 0$ 之解

解 將 dy 前面的 x 除掉（即同時除以 x）

原式 $\Rightarrow \dfrac{dx}{x} - 3y^2\,dy = 0$（二邊積分）

$\Rightarrow \displaystyle\int \dfrac{dx}{x} - \int 3y^2\,dy = c$

$\Rightarrow \ln|x| - y^3 = c$

（註：化解到此已可以了，但有些作者會繼續往下做）

$\Rightarrow \ln x - \ln e^{y^3} = c \Rightarrow \ln\dfrac{x}{e^{y^3}} = c \Rightarrow \dfrac{x}{e^{y^3}} = e^c \Rightarrow \dfrac{x}{e^{y^3}} = c_1$

例 2 求 $\left(1 + y^2\right)dx - 2xy\,dy = 0$ 之解

解 將 dx 前面的 $\left(1 + y^2\right)$ 除掉，將 dy 前面的 x 除掉，

也就是二邊同時除以 $\left(1 + y^2\right)x$

原式 $\Rightarrow \dfrac{dx}{x} - \dfrac{2y}{1 + y^2}\,dy = 0$，（二邊積分）

$$\Rightarrow \int \frac{dx}{x} - \int \frac{2y}{1+y^2}\, dy = c \cdots\cdots\text{(a)}$$

而 $\int \frac{2y}{1+y^2}\, dy$，令 $u = 1+y^2 \Rightarrow du = 2y\, dy$ 代入

$$\Rightarrow \int \frac{du}{u} = \ln|u| = \ln\left(1+y^2\right)$$

所以 (a) 式解為 $\ln|x| - \ln\left(1+y^2\right) = c$

（註：化解到此已可以了，但有些作者會繼續往下做）

$$\Rightarrow \ln \frac{x}{1+y^2} = c \Rightarrow \frac{x}{1+y^2} = e^c = c_1$$

例 3　求 $\sqrt{1-y^2}\, dx + \left(1+x^2\right) dy = 0$ 之解

解　將 dx 前面的 $\sqrt{1-y^2}$ 除掉，將 dy 前面的 $\left(1+x^2\right)$ 除掉，
也就是二邊同時除以 $\sqrt{1-y^2}\left(1+x^2\right)$

原式 $\Rightarrow \dfrac{dx}{1+x^2} + \dfrac{dy}{\sqrt{1-y^2}} = 0$

$$\Rightarrow \int \frac{dx}{1+x^2} + \int \frac{dy}{\sqrt{1-y^2}} = c$$

$$\Rightarrow \tan^{-1} x + \sin^{-1} y = c$$

例 4　$\dfrac{dy}{dx} = \dfrac{\cos x}{3y^2}$，$y(0) = 3$

解　交叉相乘，

原式 $\Rightarrow 3y^2\, dy = \cos x\, dx$

$$\Rightarrow \int 3y^2\, dy = \int \cos x\, dx + c$$

$$\Rightarrow y^3 = \sin x + c$$

因 $y(0)=3$，將 $x=0$，$y=3$ 代入微分方程式的解

$\Rightarrow 3^3 = \sin 0 + c$

$\Rightarrow c = 27$，

所以解為 $y^3 = \sin x + 27$

註：$y(0)=3$ 為此微分方程式的「初始條件」。

　　將初始條件代入原微分方程式可求出常數 c 之值。

練習題

1. $x^3 dx + (y+1)^2 dy = 0$，

   答　$\dfrac{x^4}{4} + \dfrac{(y+1)^3}{3} = c$

2. $x^2(y+1)dx + y^2(x-1)dy = 0$，

   答　$\dfrac{1}{2}x^2 + x + \ln(x-1) + \dfrac{1}{2}y^2 - y + \ln(y+1) = c$

3. $4x dy - y dx = x^2 dy$，

   答　$\ln(x-4) - \ln(x) + 4\ln(y) = c$

4. $\dfrac{dy}{dx} = \dfrac{4y}{x(y-3)}$，

   答　$y - 3\ln(y) - 4\ln(x) = c$

5. $(1+x^3)dy - x^2 y dx = 0$，其中 $y(1) = 2$，

   答　$\ln y - \dfrac{1}{3}\ln(1+x^3) = \dfrac{2}{3}\ln 2$

2.2 正合微分方程式

• 第二式：正合微分方程式（Exact differential equation）

■ 微分方程式 $M(x, y)dx + N(x, y)dy = 0$

（註：dx 前面是 $M(x, y)$、dy 前面是 $N(x, y)$），

若滿足 $\dfrac{\partial M}{\partial y} = \dfrac{\partial N}{\partial x}$，則此微分方程式稱為正合微分方程式

（或稱為恰當微分方程式）。

■ 正合微分方程式可用下列二種方法之一種來解之：

(1) $f(x, y) = \displaystyle\int M(x, y)\, dx + g(y)$，

（對 x 積分，y 看成是常數，此處 $g(y)$ 為未知），

再用 $\dfrac{\partial f(x, y)}{\partial y} = N(x, y)$ 可解出 $g(y)$；

或

(2) $f(x, y) = \displaystyle\int N(x, y)\, dy + h(x)$，

（對 y 積分，x 看成是常數，此處 $h(x)$ 為未知），

再用 $\dfrac{\partial f(x, y)}{\partial x} = M(x, y)$ 可解出 $h(x)$。

■ 證明：$f(x, y) = c$（全微分）$\Rightarrow df(x, y) = 0$

$$\Rightarrow \frac{\partial f}{\partial x}dx + \frac{\partial f}{\partial y}dy = 0$$

若微分方程式 $M(x, y)dx + N(x, y)dy = 0$ 滿足

$$\frac{\partial M}{\partial y} = \frac{\partial N}{\partial x},$$

因 $\dfrac{\partial^2 f}{\partial y \partial x} = \dfrac{\partial^2 f}{\partial x \partial y}$，即 $\dfrac{\partial}{\partial y}[\dfrac{\partial f}{\partial x}] = \dfrac{\partial}{\partial x}[\dfrac{\partial f}{\partial y}]$

表示 $M(x, y) = \dfrac{\partial f}{\partial x}$ 且 $N(x, y) = \dfrac{\partial f}{\partial y}$，

> 前項〔即 $M(x, y)$〕對 x 積分或後項〔即 $N(x, y)$〕
> 對 y 積分，均可得到 f。
>
> ■上面任何一式（即 (1) 式或 (2) 式）兩邊積分皆可得到
> $f(x, y)$。

例 1　解 $xy' + y + 4 = 0$

解　原式 $\Rightarrow x \cdot \dfrac{dy}{dx} + (y + 4) = 0$

　　　　$\Rightarrow x \cdot dy + (y + 4)dx = 0$（也就是同乘 dx）

註：(a) 此題也可用「第一式變數分離法」解之。

　　(b) dx 前面稱為 $M(x, y)$，dy 前面稱為 $N(x, y)$。

(1) 令 $M(x, y) = y + 4$，$N(x, y) = x$，

　　因 $\dfrac{\partial M}{\partial y} = 1$、$\dfrac{\partial N}{\partial x} = 1$ 相同，其為正合微分方程式。

(2) 其解為 $f(x, y) = \displaystyle\int M(x, y)\, dx + g(y)$

　　　　　　　　　$= \displaystyle\int (y + 4)\, dx + g(y)$

　　　　　　　　　$= xy + 4x + g(y)$

（對 x 積分，y 看成是常數）

(3) 而 $\dfrac{\partial f(x, y)}{\partial y} = N(x, y)$

　　　$\Rightarrow \dfrac{\partial}{\partial y}(xy + 4x + g(y)) = N(x, y)$

　　　$\Rightarrow x + g'(y) = x$

　　　$\Rightarrow g'(y) = 0$

　　　$\Rightarrow g(y) = c$

(4) 所以其解為 $f(x, y) = xy + 4x + c = 0$。

　　（註：若 $g'(y)$ 有出現變數 x 時，表示計算錯誤）

例 2 解 $\left(2x + e^y\right) dx + xe^y\, dy = 0$

解 〔註：dx 前面稱為 $M(x, y)$，dy 前面稱為 $N(x, y)$。〕

(1) $M(x, y) = 2x + e^y$，$N(x, y) = xe^y$

$\Rightarrow \dfrac{\partial M}{\partial y} = e^y$、$\dfrac{\partial N}{\partial x} = e^y$ 相等

(2) 其解為 $f(x, y) = \displaystyle\int M(x, y)\, dx + g(y)$

$= \displaystyle\int \left(2x + e^y\right) dx + g(y)$

$= x^2 + xe^y + g(y)$

（對 x 積分，y 看成是常數）

(3) 而 $\dfrac{\partial f(x, y)}{\partial y} = N(x, y)$

$\Rightarrow xe^y + g'(y) = xe^y$

$\Rightarrow g'(y) = 0$

$\Rightarrow g(y) = c$

(4) 所以其解為 $f(x, y) = x^2 + xe^y + c = 0$。

例 3 解 $\left(\sin y + y\right) dx + \left(x \cos y + x + 2\right) dy = 0$

解 (1) 令 $M(x, y) = \sin y + y$，$N(x, y) = x \cos y + x + 2$

$\Rightarrow \dfrac{\partial M}{\partial y} = \cos y + 1$、$\dfrac{\partial N}{\partial x} = \cos y + 1$ 相等

(2) 其解為 $f(x, y) = \displaystyle\int M(x, y)\, dx + g(y)$

$= \displaystyle\int \left(\sin y + y\right) dx + g(y)$

$= x \sin y + xy + g(y)$

(3) 而 $\dfrac{\partial f(x,y)}{\partial y} = N(x,y)$

$\Rightarrow x\cos y + x + g'(y) = x\cos y + x + 2$

$\Rightarrow g'(y) = 2$

$\Rightarrow g(y) = 2y + c$

(4) 所以其解為 $f(x,y) = x\sin y + xy + 2y + c = 0$。

例 4　解 $(2xy - \cos x)dx + (x^2 - 1)dy = 0$

解　(1) 令 $M(x,y) = 2xy - \cos x$，$N(x,y) = x^2 - 1$

$\Rightarrow \dfrac{\partial M}{\partial y} = 2x$、$\dfrac{\partial N}{\partial x} = 2x$ 相等

(2) 其解為 $f(x,y) = \displaystyle\int N(x,y)dy + h(x)$

$= \displaystyle\int (x^2 - 1)dy + h(x)$

$= x^2 y - y + h(x)$

（對 y 積分，x 看成是常數）

(3) 而 $\dfrac{\partial f(x,y)}{\partial x} = M(x,y)$

$\Rightarrow 2xy + h'(x) = 2xy - \cos x$

$\Rightarrow h'(x) = -\cos x$

$\Rightarrow h(x) = -\sin x + c$

(4) 所以其解為 $f(x,y) = x^2 y - y - \sin x + c = 0$。

註：若 $h'(x)$ 有 y 項，表示計算錯誤

練習題

1. $(2x^3 + 3y)dx + (3x + y - 1)dy = 0$，

答　$\dfrac{1}{2}x^4 + 3xy + \dfrac{1}{2}y^2 - y = c$

2. $(y^2 e^{xy^2} + 4x^3)dx + (2xye^{xy^2} - 3y^2)dy = 0$，

   答 $e^{xy^2} + x^4 - y^3 = c$

3. $(x^2 - y)dx - xdy = 0$，

   答 $xy = \dfrac{x^3}{3} + c$

4. $(x^2 + y^2)dx + 2xydy = 0$，

   答 $xy^2 + \dfrac{x^3}{3} = c$

5. $(x + y\cos x)dx + \sin x dy = 0$，

   答 $x^2 + 2y\sin x = c$

6. $2(x^2 + xy)dx + (x^2 + y^2)dy = 0$，

   答 $2x^3 + 3x^2 y + y^3 = c$

7. $(2x + 3y + 4)dx + (3x + 4y + 5)dy = 0$，

   答 $x^2 + 3xy + 2y^2 + 4x + 5y = c$

8. $(x + y + 1)dx - (y - x + 3)dy = 0$，

   答 $x^2 + 2xy - y^2 + 2x - 6y = c$

9. $(2x - 3y) + (2y - 3x)y' = 0$，

   答 $x^2 - 3xy + y^2 + c = 0$

10. $(3x^2 + 2xy)dx + (x^2 + y^2)dy = 0$，

    答 $x^3 + x^2 y + \dfrac{1}{3}y^3 + c = 0$

11. $(2x - y)dx + (y^2 - x)dy = 0$，

    答 $x^2 - xy + \dfrac{1}{3}y^3 + c = 0$

12. $(1 + x^2)dy + 2xy\, dx = 0$，

    答 $x^2 y + y + c = 0$

13.$2x \sin 3y\, dx + 3x^2 \cos 3y\, dy = 0$，

　　[答]　$x^2 \sin 3y + c = 0$

14.$(2xy - \cos x)\, dx + (x^2 - 1)\, dy = 0$

　　[答]　$x^2 y - \sin x - y + c = 0$

2.3 積分因子

• 第三式：積分因子（Integrating factor）

■微分方程式 $M(x, y)dx + N(x, y)dy = 0$

（註：dx 前面是 $M(x, y)$、dy 前面是 $N(x, y)$），

若滿足下列二條件中的一個：

(1) $\dfrac{\dfrac{\partial M}{\partial y} - \dfrac{\partial N}{\partial x}}{N} = p(x)$（沒有變數 y），

則有積分因子 $\mu = e^{\int p(x)\,dx}$

或

(2) $\dfrac{\dfrac{\partial M}{\partial y} - \dfrac{\partial N}{\partial x}}{M} = q(y)$（沒有變數 x），

則有積分因子 $\mu = e^{-\int q(y)\,dy}$（多一個負號）

將「積分因子 μ」乘入原微分方程式，即

$$\mu M(x, y)dx + \mu N(x, y)dy = 0，$$

此新的微分方程式就是正合微分方程式 (即可用第二式來解)，也就是它一定滿足：

$$\frac{\partial \mu M(x, y)}{\partial y} = \frac{\partial \mu N(x, y)}{\partial x}$$（若不滿足，表示計算錯誤）

例 1 求 $\left(x^2 + x + y\right)dx - x\,dy = 0$ 之解

解 (1) $M = x^2 + x + y$，$N = -x$

$\Rightarrow \dfrac{\partial M}{\partial y} = 1$，$\dfrac{\partial N}{\partial x} = -1$，（不相等）

而 $\dfrac{\dfrac{\partial M}{\partial y}-\dfrac{\partial N}{\partial x}}{N}=\dfrac{1-(-1)}{-x}=-\dfrac{2}{x}$

（為 x 的函數，沒有變數 y）

(2) 所以積分因子為

$\mu=e^{\int p(x)dx}=e^{\int -\frac{2}{x}dx}=e^{-2\int \frac{1}{x}dx}=e^{-2\ln x}$

$=e^{\ln x^{-2}}=x^{-2}=\dfrac{1}{x^{2}}$

(3) 原式兩邊同乘以 $\dfrac{1}{x^{2}}$

$\Rightarrow \left(\dfrac{x^{2}+x+y}{x^{2}}\right)dx-\dfrac{x}{x^{2}}dy=0$

$\Rightarrow \left(1+\dfrac{1}{x}+\dfrac{y}{x^{2}}\right)dx-\dfrac{1}{x}dy=0$，必為正合微分方程式

（用正合微分方程式法解之）

(4) 令 $M'=\left(1+\dfrac{1}{x}+\dfrac{y}{x^{2}}\right)$，$N'=\left(-\dfrac{1}{x}\right)$，

（$\dfrac{\partial M'}{\partial y}=\dfrac{\partial N'}{\partial x}$ 一定成立）

其解為 $f(x,y)=\int M'dx+g(y)$

$=\int \left(1+\dfrac{1}{x}+\dfrac{y}{x^{2}}\right)dx+g(y)$

$=x+\ln x-\dfrac{y}{x}+g(y)$

(5) 而 $\dfrac{\partial f(x,y)}{\partial y}=N'(x)\Rightarrow \dfrac{\partial}{\partial y}\left[x+\ln x-\dfrac{y}{x}+g(y)\right]=-\dfrac{1}{x}$

$\Rightarrow g'(y)=0$

$$\Rightarrow g(y) = c$$

(6) 所以其解為 $f(x, y) = x + \ln x - \dfrac{y}{x} + c = 0$

例2 求 $\left(x - y^2\right)dx + 2xy\,dy = 0$ 之解

解 (1) 令 $M = x - y^2$，$N = 2xy$

$$\Rightarrow \frac{\partial M}{\partial y} = -2y，\frac{\partial N}{\partial x} = 2y \text{（不相等）}$$

而 $\dfrac{\dfrac{\partial M}{\partial y} - \dfrac{\partial N}{\partial x}}{N} = \dfrac{-2y - 2y}{2xy} = -\dfrac{2}{x}$（為 x 的函數，沒有變數 y）

(2) 所以積分因子為

$$\mu = e^{\int p(x)\,dx} = e^{\int -\frac{2}{x}\,dx} = e^{-2\int \frac{1}{x}\,dx} = e^{-2\ln x}$$

$$= e^{\ln x^{-2}} = x^{-2} = \frac{1}{x^2}$$

(3) 原式二邊同乘以 $\dfrac{1}{x^2}$

$$\Rightarrow \left(\frac{1}{x} - \frac{y^2}{x^2}\right)dx + \frac{2y}{x}dy = 0，\text{其必為正合微分方程式}$$

(4) 令 $M' = \left(\dfrac{1}{x} - \dfrac{y^2}{x^2}\right)$，$N' = \dfrac{2y}{x}$，

其解為 $f(x, y) = \displaystyle\int N'\,dy + h(x)$

$$= \int \frac{2y}{x}\,dy + h(x)$$

$$= \frac{y^2}{x} + h(x)$$

(5) 而 $\dfrac{\partial f(x,y)}{\partial x} = M'$

$\Rightarrow \dfrac{\partial}{\partial x}\left[\dfrac{y^2}{x} + h(x)\right] = \left(\dfrac{1}{x} - \dfrac{y^2}{x^2}\right)$

$\Rightarrow -\dfrac{y^2}{x^2} + h'(x) = \dfrac{1}{x} - \dfrac{y^2}{x^2}$

$\Rightarrow h'(x) = \dfrac{1}{x}$

$\Rightarrow h(x) = \ln|x| + c$

(6) 所以其解為 $f(x,y) = \dfrac{y^2}{x} + \ln|x| + c = 0$

（註：若 $h'(x)$ 有出現變數 y，表示計算錯誤）

例 3 求 $xy\,dx + (x^2 + y^2 + 2y)dy = 0$ 之解

解 (1) 令 $M = xy$，$N = x^2 + y^2 + 2y$

$\Rightarrow \dfrac{\partial M}{\partial y} = x$，$\dfrac{\partial N}{\partial x} = 2x$，（不相等）

而 $\dfrac{\dfrac{\partial M}{\partial y} - \dfrac{\partial N}{\partial x}}{M} = \dfrac{x - 2x}{xy} = -\dfrac{1}{y}$

（為 y 的函數，沒有變數 x）

(2) 所以積分因子為 $\mu = e^{-\int q(y)\,dy} = e^{-\int \frac{-1}{y}dy} = e^{\int \frac{1}{y}dy} = e^{\ln y} = y$

(3) 原式二邊同乘以 $y \Rightarrow xy^2 dx + (x^2 y + y^3 + 2y^2)dy = 0$，

其必為正合微分方程式

(4) 令 $M' = xy^2$，$N' = (x^2 y + y^3 + 2y^2)$，

（此時 $\dfrac{\partial M'}{\partial y}$ 一定等於 $\dfrac{\partial N'}{\partial x}$，若不相等就是計算錯誤）

其解為

$$f(x, y) = \int M' \, dx + g(y)$$

$$= \int xy^2 \, dx + g(y)$$

$$= \frac{1}{2} x^2 y^2 + g(y)$$

(5) 而 $\dfrac{\partial f(x, y)}{\partial y} = N' \Rightarrow \dfrac{\partial}{\partial y}\left[\dfrac{1}{2} x^2 y^2 + g(y) \right] = \left(x^2 y + y^3 + 2y^2 \right)$

$$\Rightarrow x^2 y + g'(y) = x^2 y + y^3 + 2y^2$$

$$\Rightarrow g'(y) = y^3 + 2y^2$$

$$\Rightarrow g(y) = \frac{1}{4} y^4 + \frac{2}{3} y^3 + c$$

(6) 所以其解為 $f(x, y) = \dfrac{1}{2} x^2 y^2 + \dfrac{1}{4} y^4 + \dfrac{2}{3} y^3 + c = 0$

練習題

1. $(x^2 + y^2 + x)dx + xy\,dy = 0$，

　　答　$\dfrac{1}{4} x^4 + \dfrac{1}{3} x^3 + \dfrac{1}{2} x^2 y^2 = c$

2. $(2xy^4 e^y + 2xy^3 + y)dx + (x^2 y^4 e^y - x^2 y^2 - 3x)dy = 0$，

　　答　$x^2 e^y + \dfrac{x^2}{y} + \dfrac{x}{y^3} = c$

3. $(2x^3 y^2 + 4x^2 y + 2xy^2 + xy^4 + 2y)dx + 2(x^2 y + y^3 + x)dy = 0$，

　　答　$(2x^2 y^2 + 4xy + y^4)e^{x^2} = c$

4. $x\,dy - y\,dx = x^2 e^x dx$，

　　答　$\dfrac{y}{x} - e^x = c$

5. $(2y - x^3)dx + xdy = 0$，

　　答　$x^2 y - \dfrac{x^5}{5} = c$

6. $y^2 dy + ydx - xdy = 0$，

　　答　$y + \dfrac{x}{y} = c$

7. $\left(1 - x^2 + 2y\right)dx - x\, dy = 0$，

　　答　$-x^{-2}y - \dfrac{x^{-2}}{2} - \ln x + c = 0$

8. $y\, dx + x \ln x \cdot dy = 0$，

　　答　$y \ln x + c = 0$

9. $2xy\, dx + \left(y^2 - 3x^2\right)dy = 0$，

　　答　$x^2 y^{-3} - y^{-1} + c = 0$

2.4 一階齊次微分方程式

• 第四式：一階齊次微分方程式（Homogeneous equation）

■ 若函數滿足 $f(kx, ky) = k^n f(x, y)$，則稱 $f(x, y)$ 為 x, y 的 n 次齊次式。

■ 例如：(1) $f(x, y) = 3x^2 + xy + 2y^2$ 為二次齊次式，因 $x^2, xy,$ y^2 均為二次式。

(2) $f(x, y) = x^3 + 5x^2y + 6y^3$ 為三次齊次式，因 $x^3, x^2y,$ y^3 均為三次式。

(3) $f(x, y) = 3x^2 + xy + 2y^2 + 2$ 則不是齊次式，因 2 不是二次式。

(4) $f(x, y) = x + y + xy$ 也不是齊次式，因 x、y 是一次式，而 xy 是二次式，不相同。

■ 若 $f(x)$ 為一階齊次微分方程式，則：

(1) 令 $y = ux$（引進一個新的變數 u）$\Rightarrow dy = udx + xdu$；

(2) 再將原方程式的 y 用 $u \cdot x$ 取代，dy 用 $udx + xdu$ 取代；

(3) 則可以分離成以「第一式的分離變數法」解之。

例 1 解 $2xy\, y' - y^2 + x^2 = 0$

解 原式 $\Rightarrow 2xy \cdot \dfrac{dy}{dx} + (x^2 - y^2) = 0$

$$\Rightarrow (x^2 - y^2)dx + 2xy\, dy = 0 \cdots\cdots(a)$$

因 $(x^2 - y^2)$ 和 $2xy$ 均為二次式，其為齊次微分方程式。

(1) 令 $y = u \cdot x \Rightarrow dy = udx + xdu$ 代入 (a) 式

$$\Rightarrow (x^2 - u^2x^2)dx + 2x(ux)(udx + xdu) = 0$$

$$\Rightarrow (x^2 - u^2x^2)dx + 2x^2u^2dx + 2x^3udu = 0$$

(2)（此可用分離變數法解之）

$$\Rightarrow (x^2 + u^2x^2)dx + 2x^3udu = 0$$

$$\Rightarrow x^2(1 + u^2)dx + 2x^3udu = 0$$

(3) 將 dx 前面的 $(1 + u^2)$ 除掉，將 du 前面的 x^3 除掉，也就是二邊同時除以 $x^3(1 + u^2)$

$$\Rightarrow \frac{1}{x}dx + \frac{2u}{1+u^2}du = 0，兩邊積分$$

$$\Rightarrow \int \frac{1}{x}dx + \int \frac{2u}{1+u^2}du = c$$

$$\Rightarrow \ln|x| + \ln(1 + u^2) = c$$

(4) 再以 $y = u \cdot x \Rightarrow u = \dfrac{y}{x}$ 代回去，

即得 $\ln|x| + \ln\left(1 + \dfrac{y^2}{x^2}\right) = c$

例 2 解 $(x^2 + y^2)dx - 2x^2dy = 0$

解 (1) 因 $(x^2 + y^2)$ 和 $2x^2$ 均為二次式，此題為二次齊次式
令 $y = u \cdot x \Rightarrow dy = u\, dx + x\, du$，代入原式

$$\Rightarrow (x^2 + u^2x^2)dx - 2x^2[udx + xdu] = 0$$

(2)（此可用分離變數法解之）

$$\Rightarrow (x^2 + u^2x^2)dx - 2ux^2dx - 2x^3du = 0$$

$$\Rightarrow (x^2 - 2ux^2 + u^2x^2)dx - 2x^3du = 0$$

$$\Rightarrow x^2(1 - 2u + u^2)dx - 2x^3du = 0$$

(3) 二邊同時除以 $x^3(1 - 2u + u^2)$

$$\Rightarrow \frac{dx}{x} - \frac{2du}{(u-1)^2} = 0 \text{（兩邊積分）}$$

$$\Rightarrow \ln|x| + \frac{2}{u-1} = c \text{，}$$

(4) 再以 $u = \dfrac{y}{x}$ 代入 $\Rightarrow \ln|x| + \dfrac{2}{\dfrac{y}{x}-1} = c$

例 3 解 $y' = \dfrac{x^3 + y^3}{xy^2}$

解 原式 $\Rightarrow \dfrac{dy}{dx} = \dfrac{x^3 + y^3}{xy^2}$

$\Rightarrow (x^3 + y^3)dx - xy^2 dy = 0$，為三次齊次式

(1) 令 $y = u \cdot x \Rightarrow dy = u\,dx + x\,du$，代入原式

$\quad \Rightarrow (x^3 + u^3 x^3)dx - x(ux)^2[u\,dx + x\,du] = 0$

(2) (此可用分離變數法解之)

$\quad \Rightarrow (x^3 + u^3 x^3)dx - x^3 u^3 dx - x^4 u^2 du = 0$

$\quad \Rightarrow x^3 dx - x^4 u^2 du = 0$

(3) (二邊同除以 x^4) $\Rightarrow \dfrac{1}{x}dx - u^2 du = 0$

$\quad$ (二邊積分) $\Rightarrow \ln|x| - \dfrac{u^3}{3} = c$

(4) ($u = \dfrac{y}{x}$ 代入)

$\quad \Rightarrow \ln|x| - \dfrac{y^3}{3x^3} = c$

練習題

1. $(x^3 + y^3)dx - 3xy^2 dy = 0$，

 答 $\ln x + \dfrac{1}{2}\ln\left(1 - 2\left(\dfrac{y}{x}\right)^3\right) = c$

2. $xdy - ydx - \sqrt{x^2 - y^2}\, dx = 0$，

　　答　$\sin^{-1}(\dfrac{y}{x}) - \ln x = c$

3. $(2x + 3y)dx + (y - x)dy = 0$，

　　答　$\ln x + \dfrac{1}{2}\ln\left((\dfrac{y}{x})^2 + 2\dfrac{y}{x} + 2\right) - 2\tan^{-1}(\dfrac{y}{x} + 1) = c$

4. $y^2 dx - x^2 dy = 0$，

　　答　$\dfrac{1}{x} - \dfrac{1}{y} = c$

5. $(x + 2y)dx + (2x + 3y)dy = 0$，

　　答　$x^2 + 4xy + 3y^2 = c$

6. $(y^2 - x^2)dx + xydy = 0$，

　　答　$2x^2 y^2 = x^4 + c$

7. $(x^2 + y^2)dx + xydy = 0$ 且 $y(1) = -1$，

　　答　$x^4 + 2x^2 y^2 = 3$

2.5 含一次式之非齊次微分方程式

* 第五式：含一次式之非齊次微分方程式（Linear but not homogeneous equation）

■ 其微分方程式的形式為

$$(a_1x + b_1y + c_1)dx + (a_2x + b_2y + c_2)dy = 0 ，$$

其中 $a_1, b_1, c_1, a_2, b_2, c_2$ 均為常數。

■ 此題可以想成有二直線

$$a_1x + b_1y + c_1 = 0 \text{ 和 } a_2x + b_2y + c_2 = 0 ，$$

二直線的關係有三種情形：交於一點、平行和重疊。

不同的情況有不同的作法。

■ 此微分方程式可分成三個部分來討論：

(1) 交於一點，也就是 $\dfrac{a_1}{a_2} \neq \dfrac{b_1}{b_2}$：

● 其作法是：

(a) 令 $x = u + h, y = v + k$（其中 u, v 為變數、h, k 為未知數），代入原微分方程式後，將二直線的常數項令為 0（此時可求出未知數 h, k）；

(b) 經此轉換，微分方程式可變成「第四式：一階齊次微分方程式」。

● 其詳細作法是：

(a) 令 $x = u + h, y = v + k$

$\Rightarrow dx = du, dy = dv$，代入上式

$\Rightarrow [a_1u + b_1v + (a_1h + b_1k + c_1)]du$

$\quad + [a_2u + b_2v + (a_2h + b_2k + c_2)]dv = 0$

(b) 令常數項 $a_1h + b_1k + c_1 = 0$，$a_2h + b_2k + c_2 = 0$，
二個方程式，二個未知數 (h, k)，可解出 h, k，
且上式變成 $(a_1u + b_1v)du + (a_2u + b_2v)dv = 0$ 爲齊
次方程式，

(c) 就可利用「第四式：一階齊次微分方程式」來
解。

(2) 平行，也就是 $\dfrac{a_1}{a_2} = \dfrac{b_1}{b_2} \neq \dfrac{c_1}{c_2}$，

即 $(a_1x + b_1y) = k(a_2x + b_2y)$

● 其作法是：

(a) 令 $u = a_1x + b_1y \Rightarrow du = a_1dx + b_1dy$

代入原方程式，取代 y, dy；

(b) 就可用變數分離法解。

(3) 重疊，也就是 $\dfrac{a_1}{a_2} = \dfrac{b_1}{b_2} = \dfrac{c_1}{c_2}$，

即 $(a_1x + b_1y + c_1) = k(a_2x + b_2y + c_2)$

● 其作法是：

原式 $\Rightarrow k(a_2x + b_2y + c_2)dx + (a_2x + b_2y + c_2)dy = 0$

$\Rightarrow (a_2x + b_2y + c_2)[kdx + dy] = 0$

$\Rightarrow \begin{cases} a_2x + b_2y + c_2 = 0 \\ 或\quad kdx + dy = 0 \Rightarrow \int kdx + \int 1dy = c \Rightarrow kx + y = c \end{cases}$

所以解爲：$a_2x + b_2y + c_2 = 0$ 或 $kx + y = c$

例 1　求 $(5x + 2y + 7)dx + (4x + y + 5)dy = 0$

解　因 $\dfrac{5}{4} \neq \dfrac{2}{1}$，（交於一點），所以採用上述 (1) 的作法。

令 $x = u + h$、$y = v + k$，代入原方程式，會得到二結果

(a) $5h + 2k + 7 = 0, 4h + k + 5 = 0$，解得 $h = -1, k = -1$，

用 $x = u - 1, y = v - 1, dx = du, dy = dv$ 代入原方程式，得

(b) $(5u + 2v)du + (4u + v)dv = 0 \cdots\cdots$ (A)

   (i) （用齊次微分方程式解）

   令 $v = t \cdot u \Rightarrow dv = tdu + udt$，

   （代入 (A) 式，取代 v, dv）

   $\Rightarrow (5u + 2tu)du + (4u + tu)(tdu + udt) = 0$

   (ii) （可用變數分離法解）

   $\Rightarrow (5u + 2tu)du + (4u + tu)tdu + (4u + tu)udt = 0$

   $\Rightarrow u(5 + 6t + t^2)du + u^2(4 + t)dt = 0$

   (iii) （同除 $u^2(5 + 6t + t^2)$）

   $\Rightarrow \dfrac{u}{u^2}du + \dfrac{4 + t}{5 + 6t + t^2}dt = 0$ （部分分式法）

   $\Rightarrow \displaystyle\int \dfrac{1}{u}du + \int (\dfrac{\frac{3}{4}}{t + 1} + \dfrac{\frac{1}{4}}{t + 5})dt = c$

   $\Rightarrow \ln u + \dfrac{3}{4}\ln(t + 1) + \dfrac{1}{4}\ln(t + 5) = c$

   (iv) （t 用 $\dfrac{v}{u}$ 代回）

   $\Rightarrow \ln u + \dfrac{3}{4}\ln(\dfrac{v}{u} + 1) + \dfrac{1}{4}\ln(\dfrac{v}{u} + 5) = c$

   (v) （u 用 $x + 1$、v 用 $y + 1$ 代回）

   $\Rightarrow \ln(x + 1) + \dfrac{3}{4}\ln(\dfrac{y + 1}{x + 1} + 1) + \dfrac{1}{4}\ln(\dfrac{y + 1}{x + 1} + 5) = c$

例2 求 $(x + 2y + 2)\,dx + (4x + 8y + 8)\,dy = 0$ 之解

解 因 $(4x + 8y + 8) = 4(x + 2y + 2)$（重疊），所以

原式 $\Rightarrow (x + 2y + 2)dx + 4(x + 2y + 2)dy = 0$

$\quad \Rightarrow (x + 2y + 2)[dx + 4dy] = 0$

$\quad \Rightarrow x + 2y + 2 = 0$ 或 $dx + 4dy = 0$

而 $dx + 4dy = 0 \Rightarrow \int dx + \int 4dy = c \Rightarrow x + 4y = c$

所以解為 $x + 2y + 2 = 0$ 或 $x + 4y = c$

例3 求 $(2x + y + 2)\dfrac{dy}{dx} + (4x + 2y + 1) = 0$

解 原式 $\Rightarrow (4x + 2y + 1)dx + (2x + y + 2)dy = 0$ ……(a)

令其係數：$a_1 = 4, b_1 = 2, c_1 = 1$，$a_2 = 2, b_2 = 1, c_2 = 2$

(1) 因 $\dfrac{a_1}{a_2} = \dfrac{b_1}{b_2} \neq \dfrac{c_1}{c_2}$，（平行）

所以令 $u = 2x + y$

$\Rightarrow du = 2dx + dy \Rightarrow dy = du - 2dx$

(2) 代入 (a) 式（可用變數分離法解）

$\Rightarrow (2u + 1)dx + (u + 2)(du - 2dx) = 0$

$\Rightarrow (2u + 1)dx + (u + 2)du - 2(u + 2)dx = 0$

$\Rightarrow (-3)dx + (u + 2)du = 0$（二邊積分）

$\Rightarrow \int -3dx + \int (u + 2)du = c$

$\Rightarrow -3x + \dfrac{1}{2}u^2 + 2u = c$

(3) 又 $u = 2x + y$ 代入

$\Rightarrow -3x + \dfrac{1}{2}(2x + y)^2 + 2(2x + y) = c$

練習題

1. $(x+y)dx+(3x+3y-4)dy=0$，

   答 $2x-3(x+y)-2\ln(2-x-y)=c$

2. $(2x-5y+3)dx-(2x+4y-6)dy=0$，

   答 $(x-4y+3)(2x+y-3)^2=c$

3. $(x-y-1)dx+(x+4y-1)dy=0$，

   答 $\ln[x-1]+\dfrac{1}{2}\ln[4(\dfrac{y}{x-1})^2+1]+\dfrac{1}{2}\tan^{-1}(\dfrac{2y}{x-1})=c$

4. $(1+y)dx-(1+x)dy=0$，

   答 $\ln(1+x)-\ln(1+y)=c$

5. $(x+y+1)dx+(2x+2y+1)dy=0$，

   答 $x+2y+\ln(x+y)=c$

6. $(3y-7x+7)dx+(7y-3x+3)dy=0$，

   答 $(y-x+1)^2(y+x-1)^5=c$

7. $(2x+3y+4)dx+(3x+4y+5)dy=0$，

   答 $x^2+3xy+2y^2+4x+5y=c$

8. $(x+y+1)dx-(y-x+3)dy=0$，

   答 $x^2+2xy-y^2+2x-6y=c$

9. $(4x+3y+1)dx+(x+y+1)dy=0$，

   答 $\ln(x-2)+\ln[\dfrac{y+3}{x-2}+2]+[\dfrac{y+3}{x-2}+2]^{-1}=c$

11. $\dfrac{dy}{dx}=\dfrac{y-x+1}{y-x+5}$，

   答 $-\dfrac{1}{2}(y-x)^2-9x+5y=c$

12.$(4x+3y+1)dx+(8x+6y+2)dy=0$，

答　$4x+3y+1=0$ 或 $x+2y=c$

2.6 一階線性微分方程式

• **第六式：一階線性微分方程式**（Linear equation of the first order）

■若微分方程式的形式為：

$y' + p(x)y = q(x)$（一個 y'、一個 y、其餘均為 x），

此微分方程式就稱為「一階線性微分方程式」。

（註：y' 前面的係數要為 1）

■微分方程式若為一階線性微分方程式，其作法為：

(1) 若 $q(x) = 0$，則可用變數分離法解之。

(2) 若 $q(x) \neq 0$，則

    (a) 先改變外型：

$$y' + p(x)y = q(x) \ \left(y' \text{ 用 } \frac{dy}{dx} \text{ 代入}\right)$$

$$\Rightarrow dy + p(x)\,y\,dx = q(x) \cdot dx$$

    (b)（兩邊同乘以 $e^{\int p(x)dx}$）

$$\Rightarrow e^{\int p(x)dx} \cdot dy + e^{\int p(x)dx} \cdot p(x)\,y\,dx = e^{\int p(x)dx} \cdot q(x)dx^{\text{[註]}}$$

$$\Rightarrow d\left[ye^{\int p(x)dx}\right] = e^{\int p(x)dx} \cdot q(x)dx \text{。}$$

    再二邊積分，即可求得。

註：(i) 上式的 $e^{\int p(x)dx} \cdot dy + e^{\int p(x)dx} \cdot p(x)\,y\,dx$ 變成 $d\left[ye^{\int p(x)dx}\right]$

        不容易看出來，可以由後面的全微分推導到前面的式子，即

$$d\left[ye^{\int p(x)dx}\right] = \frac{\partial}{\partial x}\left(ye^{\int p(x)dx}\right)dx + \frac{\partial}{\partial y}\left(ye^{\int p(x)dx}\right)dy$$

$$= \left(ye^{\int p(x)dx} \cdot p(x)\right)dx + \left(e^{\int p(x)dx}\right)dy$$

證明出來。

(ii) 上面 (i) 式方便記法：$e^{\int p(x)dx} \cdot dy + e^{\int p(x)dx} \cdot p(x)ydx$ 二項

的和等於將第一項 dy 的 d 往前移，即爲 $d\left[ye^{\int p(x)dx}\right]$。

例 1 解 $y' + y = x$

解 此爲一階線性微分方程式，且 $p(x) = 1$

原方程式改成 $dy + ydx = xdx$ ……(a)，

(1) 先求出 $e^{\int p(x)dx} = e^{\int 1dx} = e^x$

(2) (a) 式二邊同時乘上 $e^x \Rightarrow e^x \cdot dy + ye^x dx = xe^x dx$

$$\Rightarrow d\left[e^x \cdot y\right] = x\,e^x dx$$

（其結果是將上一式 dy 的 d 往前移）

(3)（兩邊積分）$\Rightarrow e^x \cdot y = \int xe^x dx + c$

$$= xe^x - \int e^x dx + c$$

$$= xe^x - e^x + c$$

(4) 所以解爲 $e^x \cdot y = xe^x - e^x + c$

例 2 解 $dy + \dfrac{2}{x}y\,dx = 4xdx$ …… (a)

解 原式除以 $dx \Rightarrow y' + \dfrac{2}{x} \cdot y = 4x$，

其為一階線性微分方程式，且 $p(x) = \dfrac{2}{x}$，

(1) 先求出 $e^{\int p(x)dx} = e^{\int \frac{2}{x}dx} = e^{2\int \frac{1}{x}dx} = e^{2\ln x} = e^{\ln x^2} = x^2$

（乘入 (a) 式）

(2) (a) 式 $\Rightarrow x^2 dy + 2xy dx = 4x^3 dx$

$\qquad \Rightarrow d(x^2 y) = 4x^3 dx$

（其結果是將上一式 dy 的 d 往前移）

(3)（二邊積分）$\Rightarrow x^2 y = \int 4x^3 dx + c = x^4 + c$

(4) 所以解為 $x^2 y = x^4 + c$

例 3 解 $y' - y = 3e^x$

解 此為一階線性微分方程式，且 $p(x) = -1$，

$y' - y = 3e^x \Rightarrow dy - y dx = 3e^x dx$ ……(a)

(1) 先求 $e^{\int p(x)dx} = e^{\int -1 dx} = e^{-x}$（乘入 (a) 式）

(2) (a) 式 $\Rightarrow e^{-x} dy - e^{-x} y dx = 3e^x e^{-x} dx$

$\qquad \Rightarrow d(e^{-x} y) = 3 dx$

(3)（二邊積分）$\Rightarrow e^{-x} y = \int 3 dx + c = 3x + c$

(4) 所以解為 $e^{-x} y = 3x + c$

練習題

1. $\dfrac{dy}{dx} + 2xy = 4x$，

   答 $ye^{x^2} = 2e^{x^2} + c$

2. $x\dfrac{dy}{dx} = y + x^3 + 3x^2 - 2x$（二邊要先除以 x），

【答】　$\dfrac{y}{x} = \dfrac{1}{2}x^2 + 3x - 2\ln x + c$

3. $(x-2)\dfrac{dy}{dx} = y + 2(x-2)^3$，（二邊要先除以 $x-2$ ）

　　【答】　$\dfrac{y}{x-2} = (x-2)^2 + c$

4. $\dfrac{dy}{dx} + y\cot x = 5e^{\cos x}$，其中 $y(\dfrac{\pi}{2}) = -4$

　　【答】　通解爲 $y\sin x = -5e^{\cos x} + c$；

　　　　　　特殊解爲 $y\sin x = -5e^{\cos x} + 1$

5. $\dfrac{dy}{dx} + y = 2 + 2x$，

　　【答】　$ye^x = 2xe^x + c$

6. $xdy - 2ydx = (x-2)e^x dx$，

　　【答】　$x^{-2}y = x^{-2}e^x + c$

7. $x\dfrac{dy}{dx} - 3y = x^3$，

　　【答】　$x^{-3}y = \ln x + c$

8. $x\dfrac{dy}{dx} + y = x$，

　　【答】　$xy = \dfrac{1}{2}x^2 + c$

9. $x\dfrac{dy}{dx} + (1-x)y = xe^x$，

　　【答】　$xe^{-x}y = \dfrac{1}{2}x^2 + c$

10. $\dfrac{dy}{dx} + \dfrac{y}{x} = 2$，

　　【答】　$xy = x^2 + c$

2.7 白努力方程式

・第七式：白努力方程式（Bernoulli's equation）

■若微分方程式的形式為 $y' + p(x) \cdot y = q(x) \cdot y^n$，此微分方程式稱為白努力方程式（它只比第六式最後面多乘以 y^n）。

■白努力方程式的解法為：

(1) 若 $n = 0$ 或 $n = 1$，則使用「第六式」的方法；

(2) 若 $n \neq 0$ 且 $n \neq 1$，則經由下面三步驟可將「白努力方程式」改成第六式的「一階線性微分方程式」，再用「一階線性微分方程式」解之

(a) 先將白努力方程式最後一項改成一階線性微分方程式的最後一項，即：原式乘以 y^{-n}

$\Rightarrow y^{-n} \cdot y' + p(x)y^{1-n} = q(x)$

（將外形改成一階線性微分方程式的外型，即將 y' 改成 $\dfrac{dy}{dx}$）

$\Rightarrow y^{-n} \cdot \dfrac{dy}{dx} + p(x)y^{1-n} = q(x)$（同乘以 dx）

$\Rightarrow y^{-n} \cdot dy + p(x)y^{1-n} dx = q(x)dx \cdots\cdots$ (A)

(b) 將第二項改成一階線性微分方程式的第二項

（即第二項 y^{1-n} 改成一次方），

令 $u = y^{1-n}$，則 $du = (1-n)y^{-n}dy$

（代入 (A) 式去掉 y 和 dy）

$\Rightarrow \dfrac{1}{1-n} du + p(x) \cdot u dx = q(x)dx \cdots\cdots$ (B)

（此時第二項變成 u 的一次方）

(c) 將第一項的係數改成 1，即：(B) 式二邊同乘 $(1-n)$

$\Rightarrow du + (1-n)p(x)udx = (1-n)q(x)dx$，

（此即為一階線性微分方程式）

(d) 可用一階線性微分方程式來解，

此時新的 $p(x)$ 是 $(1-n)p(x)$（即第六式的 $p(x)$ 要代

$(1-n)p(x)$）。

例 1 解 $\dfrac{dy}{dx} + \dfrac{1}{x} \cdot y = x^2 y^6$

解 其為白努力方程式

(1) 原式乘以 $y^{-6} \Rightarrow y^{-6} \cdot \dfrac{dy}{dx} + \dfrac{1}{x} \cdot y^{-5} = x^2$

$$\Rightarrow y^{-6} \cdot dy + \dfrac{1}{x} y^{-5} \cdot dx = x^2 \cdot dx$$

(2) 令 $u = y^{-5}$，則 $du = -5y^{-6}dy$（代入 (1) 式）

$$\Rightarrow -\dfrac{1}{5}du + \dfrac{u}{x}dx = x^2 dx$$

(3) 二邊同乘 $(-5) \Rightarrow du - \dfrac{5}{x}udx = -5x^2 dx$（此為一階線

性微分方程式）

(4) 用一階線性微分方程式來解：此時 $p(x) = -\dfrac{5}{x}$

先求 $e^{\int p(x)dx} = e^{\int -\frac{5}{x}dx} = e^{-5\int \frac{1}{x}dx} = e^{-5\ln x}$

$$= e^{\ln x^{-5}} = x^{-5}（乘入 (3) 式）$$

$$\Rightarrow x^{-5}du - 5x^{-6}udx = -5x^{-3}dx$$

$$\Rightarrow d(x^{-5}u) = -5x^{-3}dx$$

$$(\text{二邊積分}) \Rightarrow x^{-5}u = \int -5x^{-3}dx + c$$

$$\Rightarrow x^{-5}u = \frac{5}{2}x^{-2} + c$$

(5) 將 $u = y^{-5}$ 代入 (4) 式 $\Rightarrow x^{-5}y^{-5} = \frac{5}{2}x^{-2} + c$

例2 解 $xy' + y = x^2y^2$

解 原式除以 $x \Rightarrow y' + \frac{1}{x} \cdot y = xy^2$ ……(A)，為白努力方程式

(1) (A) 式乘以 y^{-2}

$$\Rightarrow y^{-2} \cdot y' + \frac{1}{x}y^{-1} = x$$

$$\Rightarrow y^{-2}dy + \frac{1}{x} \cdot y^{-1}dx = xdx$$

(2) 令 $u = y^{-1} \Rightarrow du = -y^{-2}dy$ （代入 (1) 式）

$$\Rightarrow -du + \frac{u}{x}dx = xdx$$

(3) （乘以 -1） $\Rightarrow du - \frac{u}{x}dx = -xdx$ （其為一階線性微分
方程式）

(4) 用一階線性微分方程式來解：此時 $p(x) = -\frac{1}{x}$

先求 $e^{\int p(x)dx} = e^{\int -\frac{1}{x}dx} = e^{-\ln x} = e^{\ln x^{-1}} = x^{-1}$ （乘入 (3) 式）

$$\Rightarrow x^{-1}du - \frac{u}{x^2}dx = -1dx$$

$$\Rightarrow d[x^{-1}u] = -1dx$$

$$(\text{二邊積分}) \Rightarrow x^{-1}u = \int -1\,dx + c = -x + c$$

(5) 將 $u = y^{-1}$ 代入 (4) 式 $\Rightarrow x^{-1}y^{-1} = -x + c$

練習題

1. $\dfrac{dy}{dx} - y = xy^5$ ，

   答　$y^{-4}e^{4x} = -xe^{4x} + \dfrac{1}{4}e^{4x} + c$

2. $\dfrac{dy}{dx} + 2xy + xy^4 = 0$ ，

   答　$y^{-3}e^{-3x^2} = -\dfrac{1}{2}e^{-3x^2} + c$

3. $\dfrac{dy}{dx} + \dfrac{1}{3}y = \dfrac{1}{3}(1-2x)y^4$ ，

   答　$y^{-3}e^{-x} = -2xe^{-x} - e^{-x} + c$

4. $\dfrac{dy}{dx} + y = (\cos x - \sin x)y^2$ ，

   答　$y^{-1}e^{-x} = -e^{-x}\sin x + c$

5. $\dfrac{dy}{dx} + \dfrac{y}{x} = x^2y^3$ ，

   答　$x^{-2}y^{-2} = -2x + c$

6. $\dfrac{dy}{dx} + \dfrac{3}{x}y = x^2y^2$ ，

   答　$x^{-3}y^{-1} = -\ln x + c$

7. $\dfrac{dy}{dx} + y = x^2y^3$ ，

   答　$e^{-2x}y^{-2} = x^2e^{-2x} + xe^{-2x} + \dfrac{1}{2}e^{-2x} + c$

8. $\dfrac{dy}{dx} - y = xy^5$ ，

   答　$y^{-4}e^{4x} = -xe^{4x} + \dfrac{1}{4}e^{4x} + c$

2.8　$y' = f(ax + by + c)$ 的形式

- 第八式：$y' = f(ax + by + c)$ 的形式
  - ■ 若微分方程式是 $y' = f(ax + by + c)$，$a, b, c \in R$ 的形式時，
    （即 f 是二元一次多項式的函數）

    可令 $u = ax + by + c \Rightarrow du = adx + bdy$

    再將 f 的 $ax + by + c$ 用 u 代，dy 用 $\dfrac{du - adx}{b}$ 代，

    此時只剩下 u, x, du, dx 的函數，即可用變數分離法解
  - ■ 例如：(1) $y' = 2x + 3y + 1$

    (2) $y' = (2x + y + 3)^2 + 3(2x + y + 3) + 4$

    (3) $y' = \sin^2(x + 2y)$

    都是 $y' = f(ax + by + c)$ 的形式

例 1　解 $y' = 2x + y + 3$

解　令 $u = 2x + y + 3 \Rightarrow du = 2dx + dy \Rightarrow dy = du - 2dx$

所以 $y' = 2x + y + 3 = u$（y' 用 $\dfrac{dy}{dx}$ 取代）

$\Rightarrow dy = udx$（dy 用 $du - 2dx$ 代）

$\Rightarrow (du - 2dx) = udx$

$\Rightarrow du = (u + 2)dx$（可用變數分離法解）

$\Rightarrow \dfrac{1}{u + 2}du = dx$

$\Rightarrow \int \dfrac{1}{u + 2}du = \int 1dx$

$\Rightarrow \ln|u + 2| = x + c$

$\Rightarrow \ln|2x + y + 5| = x + c$

例 2 解 $y' = x^2 - 2xy + y^2 + 2x - 2y - 2$

解 因 $y' = x^2 - 2xy + y^2 + 2x - 2y - 2$

$$= (x-y)^2 + 2(x-y) - 2 = f(x-y)$$

令 $u = x - y \Rightarrow du = dx - dy \Rightarrow dy = dx - du$

所以 $y' = (x-y)^2 + 2(x-y) - 2 = u^2 + 2u - 2$ (y' 用 $\dfrac{dy}{dx}$ 取代)

$\Rightarrow dy = (u^2 + 2u - 2)dx$ （dy 用 $dx - du$ 代）

$\Rightarrow dx - du = (u^2 + 2u - 2)dx$ （可用變數分離法解）

$\Rightarrow du = -(u^2 + 2u - 3)dx = -(u+3)(u-1)dx$

$\Rightarrow \dfrac{1}{(u+3)(u-1)}du = -dx$

$\Rightarrow \displaystyle\int \dfrac{1}{(u+3)(u-1)}du = \int(-1)dx$

$\Rightarrow \displaystyle\int \dfrac{1/4}{(u-1)} - \dfrac{1/4}{(u+3)}du = \int(-1)dx$ （1/4 乘到等號右邊）

$\Rightarrow \ln|u-1| - \ln|u+3| = -4x + c$

$\Rightarrow \ln|x-y-1| - \ln|x-y+3| = -4x + c$

例 3 解 $y' = \sin(x - y + 2)$

解 令 $u = x - y + 2 \Rightarrow du = dx - dy \Rightarrow dy = dx - du$

所以 $y' = \sin(x - y + 2) = \sin u$

$\Rightarrow dy = \sin u\, dx \Rightarrow (dx - du) = \sin u\, dx$ （可用變數分離法解）

$\Rightarrow du = (1 - \sin u)dx \Rightarrow \dfrac{du}{1 - \sin u} = dx$

$$\Rightarrow \int \frac{1}{1-\sin u} du = \int 1 dx \quad \cdots\cdots(1)$$

其中：$\int \frac{1}{1-\sin u} du$

$$令 \theta = \tan(\frac{u}{2}) \Rightarrow \sin u = \frac{2\theta}{1+\theta^2}, \ du = \frac{2}{1+\theta^2} d\theta$$

$$\int \frac{1}{1-\sin u} du = \int \frac{1}{1-\dfrac{2\theta}{1+\theta^2}} \cdot \frac{2}{1+\theta^2} d\theta$$

$$= \int \frac{2}{(\theta-1)^2} d\theta = 2\int (\theta-1)^{-2} d(\theta-1) = \frac{-2}{\theta-1}$$

$$= \frac{-2}{\tan\left(\dfrac{x-y+2}{2}\right)-1} \quad 〔代入 (1) 式〕$$

$$(1) \Rightarrow \frac{-2}{\tan\left(\dfrac{x-y+2}{2}\right)-1} = x+c$$

2.9 再談積分因子

• 第九式：再談積分因子

■ 除了第二章第三式的二種積分因子外，還有下列二種積分因子

■ 微分方程式 $M(x, y)dx + N(x, y)dy = 0$

（註：dx 前面是 M(x, y)、dy 前面是 N(x, y)），

若滿足下列二條件中的一個：

(1) $\dfrac{\dfrac{\partial M}{\partial y} - \dfrac{\partial N}{\partial x}}{N - M} = f(x + y)$，則有積分因子 $\mu = e^{\int f(x+y)d(x+y)}$

或 (2) $\dfrac{\dfrac{\partial M}{\partial y} - \dfrac{\partial N}{\partial x}}{Ny - Mx} = f(xy)$，則有積分因子 $\mu = e^{\int f(xy)d(xy)}$

將「積分因子 μ」乘入原微分方程式，即

$$\mu \cdot M(x, y)dx + \mu \cdot N(x, y)dy = 0$$

此新的微分方程式就是正合微分方程式（即可用第二式來解），也就是它一定滿足：

$$\frac{\partial \mu \cdot M(x, y)}{\partial y} = \frac{\partial \mu \cdot N(x, y)}{\partial x}$$

例 1 求 $y(x^2 y^2 + 2)dx + x(2 - 2x^2 y^2)dy = 0$

解 (1) $M = y(x^2 y^2 + 2)$，$N = x(2 - 2x^2 y^2)$

$\Rightarrow \dfrac{\partial M}{\partial y} = 3x^2 y^2 + 2$，$\dfrac{\partial N}{\partial x} = -6x^2 y^2 + 2$（不相等）

$$\frac{\partial M}{\partial y} - \frac{\partial N}{\partial x} = 9x^2y^2 ，而 \ Ny - Mx = -3x^3y^3$$

因 $\dfrac{\dfrac{\partial M}{\partial y} - \dfrac{\partial N}{\partial x}}{Ny - Mx} = \dfrac{-3}{xy} = f(xy)$ （為 xy 的函數）

(2) 有積分因子

$$\mu = e^{\int f(xy)\mathrm{d}(xy)} = e^{\int \frac{-3}{xy} d(xy)} = e^{\ln(xy)^{-3}} = (xy)^{-3}$$

(3) 原式二邊同乘 $(xy)^{-3}$

$\Rightarrow x^{-3}y^{-2}(x^2y^2 + 2)dx + x^{-2}y^{-3}(2 - 2x^2y^2)dy = 0$

$\Rightarrow (x^{-1} + 2x^{-3}y^{-2})dx + (2x^{-2}y^{-3} - 2y^{-1})dy = 0$ （必為

正合微分方程式）

(4) 令 $M' = (x^{-1} + 2x^{-3}y^{-2})$，$N' = (2x^{-2}y^{-3} - 2y^{-1})$

其解為 $f(x,y) = \displaystyle\int M'dx + g(y)$ （對 x 積分，y 看

成是常數）

$$= \int (x^{-1} + 2x^{-3}y^{-2})dx + g(y)$$

$$= \ln x - x^{-2}y^{-2} + g(y)$$

(5) 而 $\dfrac{\partial f(x,y)}{\partial y} = N'$

$\Rightarrow \dfrac{\partial}{\partial y}[\ln x - x^{-2}y^{-2} + g(y)] = (2x^{-2}y^{-3} - 2y^{-1})$

$\Rightarrow 2x^{-2}y^{-3} + g'(y) = 2x^{-2}y^{-3} - 2y^{-1}$

$\Rightarrow g'(y) = -2y^{-1} \Rightarrow g(y) = -2\ln y + c$ （代入第(4)式）

(6) 所以 $f(x,y) = \ln x - x^{-2}y^{-2} - 2\ln y + c = 0$

例2 求 $(4xy^2 + 6y)dx + (5x^2y + 6x)dy = 0$

解 (1) $M = (4xy^2 + 6y)$，$N = (5x^2y + 6x)$

$\Rightarrow \dfrac{\partial M}{\partial y} = 8xy + 6$，$\dfrac{\partial N}{\partial x} = 10xy + 6$（不相等）

$\dfrac{\partial M}{\partial y} - \dfrac{\partial N}{\partial x} = -2xy$，而 $Ny - Mx = x^2y^2$

因 $\dfrac{\dfrac{\partial M}{\partial y} - \dfrac{\partial N}{\partial x}}{Ny - Mx} = \dfrac{-2}{xy} = f(xy)$（為 xy 的函數）

(2) 有積分因子 $\mu = e^{\int f(xy)d(xy)} = e^{\int \frac{-2}{xy}d(xy)} = e^{\ln(xy)^{-2}} = (xy)^{-2}$

(3) 原式二邊同乘 $(xy)^{-2}$

$\Rightarrow (xy)^{-2}(4xy^2 + 6y)dx + (xy)^{-2}(5x^2y + 6x)dy = 0$

$(4x^{-1} + 6x^{-2}y^{-1})dx + (5y^{-1} + 6x^{-1}y^{-2})dy = 0$（必為正合
微分方程式）

(4) 令 $M' = (4x^{-1} + 6x^{-2}y^{-1})$，$N' = (5y^{-1} + 6x^{-1}y^{-2})$

其解為 $f(x, y) = \int M'dx + g(y)$（對 x 積分，y 看成是
常數）

$= \int (4x^{-1} + 6x^{-2}y^{-1})dx + g(y)$

$= 4\ln x - 6x^{-1}y^{-1} + g(y)$

(5) 而 $\dfrac{\partial f(x, y)}{\partial y} = N'$

$\dfrac{\partial}{\partial y}[4\ln x - 6x^{-1}y^{-1} + g(y)] = (5y^{-1} + 6x^{-1}y^{-2})$

$\Rightarrow 6x^{-1}y^{-2} + g'(y) = (5y^{-1} + 6x^{-1}y^{-2})$

$\Rightarrow g'(y) = 5y^{-1} \Rightarrow g(y) = 5\ln y + c$（代入第 (4) 式）

(6) 所以 $f(x, y) = 4\ln x - 6x^{-1}y^{-1} + 5\ln y + c = 0$

例3 求 $(3xy + 2y^2)dx + (3xy + 2x^2)dy = 0$

解 (1) $M = 3xy + 2y^2$，$N = 3xy + 2x^2$

$\Rightarrow \dfrac{\partial M}{\partial y} = 3x + 4y$，$\dfrac{\partial N}{\partial x} = 3y + 4x$（不相等）

$\dfrac{\partial M}{\partial y} - \dfrac{\partial N}{\partial x} = -x + y$，

而 $N - M = 2x^2 - 2y^2 = 2(x-y)(x+y)$

因 $\dfrac{\dfrac{\partial M}{\partial y} - \dfrac{\partial N}{\partial x}}{N-M} = \dfrac{-1}{2(x+y)} = f(x+y)$（為 $x+y$ 的函數）

(2) 有積分因子

$$\mu = e^{\int f(x+y)\mathrm{d}(x+y)} = e^{\int \frac{-1}{2(x+y)} d(x+y)} = e^{\ln(x+y)^{-1/2}} = \frac{1}{(x+y)^{1/2}}$$

(3) 原式二邊同乘 $\dfrac{1}{(x+y)^{1/2}}$

$\Rightarrow \dfrac{3xy + 2y^2}{(x+y)^{1/2}} dx + \dfrac{3xy + 2x^2}{(x+y)^{1/2}} dy = 0$（必為正合微分方

程式）

(4) 令 $M' = \dfrac{3xy + 2y^2}{(x+y)^{1/2}}$，$N' = \dfrac{3xy + 2x^2}{(x+y)^{1/2}}$

其解為 $f(x, y) = \displaystyle\int M' dx + g(y)$（對 x 積分，y 看成是

常數）

$= \displaystyle\int \dfrac{3xy + 2y^2}{(x+y)^{1/2}} dx + g(y)$ $\cdots\cdots(A)$

其中：$\displaystyle\int \frac{3xy + 2y^2}{(x+y)^{1/2}} dx$

令 $z = x + y \Rightarrow dz = dx$ 且 $x = z - y$（y 看成是

常數）

$$\int \frac{3xy + 2y^2}{(x+y)^{1/2}} dx = \int \frac{3(z-y)y + 2y^2}{z^{1/2}} dz$$

$$= \int 3yz^{1/2} - y^2 z^{-1/2} dz$$

$$= 2yz^{3/2} - 2y^2 z^{1/2}$$

$$= 2xyz^{1/2}$$

$$= 2xy(x+y)^{1/2} \text{（代入 (A) 式）}$$

$$(A) \Rightarrow f(x, y) = 2xy(x+y)^{1/2} + g(y)$$

(5) 而 $\dfrac{\partial f(x, y)}{\partial y} = N'$

$$\frac{\partial}{\partial y}[2xy(x+y)^{1/2} + g(y)] = \frac{3xy + 2x^2}{(x+y)^{1/2}}$$

$$\Rightarrow \frac{3xy + 2x^2}{(x+y)^{1/2}} + g'(y) = \frac{3xy + 2x^2}{(x+y)^{1/2}}$$

$$\Rightarrow g'(y) = 0 \Rightarrow g(y) = c \text{（代入第 (4) 式）}$$

(6) 所以 $f(x, y) = 2xy(x+y)^{1/2} + c = 0$

第 3 章　常係數微分方程式

1. 微分方程式 $a_0(x)y^{(n)} + a_1(x)y^{(n-1)} + \cdots + a_n(x)y = R(x)$，

   (1) 若 $R(x) = 0$，則此微分方程式稱為齊次（或調和）微分方程式（Homogeneous equation），其解稱為齊次解（或調和解）（Homogeneous solution），通常以 y_h 表示之；

   (2) 若 $R(x) \neq 0$，則稱為完全（或非齊次）微分方程式（Complete (or non-homogeneous) equation），其解稱為完全解（Complete solution），通常以 y_c 表示之。

2. (1) 若上面微分方程式的 $a_i(x)$ 均為常數，則稱為常係數微分方程式；

   (2) 若上面的 $a_i(x)$ 至少有一個是 x 的函數，則稱為變係數微分方程式。

3. n 階齊次微分方程式 $a_0(x)y^{(n)} + a_1(x)y^{(n-1)} + \cdots + a_n(x)y = 0$ 中（其中 $a_0(x) \neq 0$），若可以找到 n 個相互獨立的 $y_i(x)$, $i = 1, \cdots, n$，使得

   $a_0(x)y_i^{(n)} + a_1(x)y_i^{(n-1)} + \cdots + a_n(x)y_i = 0$ 均成立，

   則 $y = c_1y_1 + c_2y_2 + \cdots + c_ny_n$ 為此微分方程式的齊次解，其中 c_i 為任意數。

   （註：n 階微分方程式的解會有 n 個任意數）

3.1　二階常係數微分方程式的齊次解

・**第一式：二階常係數微分方程式的齊次解**

■二階常係數齊次微分方程式爲：

$$y'' + ay' + by = 0，$$

其中 a, b 爲實數常數。

■它的 2 個獨立的 $y_i(x)$ 解，爲 $y = e^{\lambda x}$（λ 可由下法求得）。

■其解法爲：

(1) 令 $y = e^{\lambda x}$，則 $y' = \lambda e^{\lambda x}$、$y'' = \lambda^2 e^{\lambda x}$，

（帶入原方程式）$\Rightarrow \lambda^2 e^{\lambda x} + a\lambda e^{\lambda x} + be^{\lambda x} = 0$

（除以 $e^{\lambda x}$）$\Rightarrow \lambda^2 + a\lambda + b = 0$，

（也就是 y 的二次微分用 λ^2 代入，y 的一次微分用 λ 代入，y 用 1 代入）

本來是解微分方程式，變成解一元二次方程式。

設 $\Delta = a^2 - 4b$ 爲其判別式。

(2) λ 之二根有下列三種不同的情況：

(a) $\Delta > 0 \Rightarrow$ 有二相異實根 λ_1 及 λ_2，

則原微分方程式的齊次解爲：

$y_h = c_1 e^{\lambda_1 x} + c_2 e^{\lambda_2 x}$（註：$c_1, c_2$ 爲任意常數）

（註：此處 y_h 的 h 是 homogeneous 的縮寫）

(b) $\Delta = 0 \Rightarrow$ 有二相等實根 λ，則其齊次解爲[註1]：

$y_h = (c_1 + c_2 x)e^{\lambda x}$（註：$c_1, c_2$ 爲任意常數）

(c) $\Delta < 0 \Rightarrow \lambda$ 爲共軛複根 $p \pm qi$，則其齊次解爲[註2]：

$y_h = e^{px}[c_1 \cos(qx) + c_2 \sin(qx)]$

註 1：當 $\Delta = 0 \Rightarrow$ 有二相等實根 λ 時，$e^{\lambda x}$ 代入原微分方程式

　　　其值為 0，而 $xe^{\lambda x}$ 代入原微分方程式其值亦為 0

註 2：當 $\Delta < 0 \Rightarrow \lambda$ 為共軛複根 $p \pm qi$，其解為

$$y_h = d_1 e^{(p+qi)x} + d_2 e^{(p-qi)x}$$

$$= d_1 e^{px} e^{qxi} + d_2 e^{px} e^{-qxi}$$

$$= e^{px}[d_1(\cos qx + i\sin qx) + d_2(\cos qx - i\sin qx)]$$

$$= e^{px}[(d_1 + d_2)\cos qx + (d_1 i - d_2 i)\sin qx]$$

$$= e^{px}[c_1 \cos qx + c_2 \sin qx] \ (\text{令 } d_1 + d_2 = c_1 \text{，} d_1 i - d_2 i = c_2)$$

例 1　求 $y'' - 4y' + 3y = 0$ 的解

　解　y'' 用 λ^2 代，y' 用 λ 代，y 用 1 代，即

　　　$\lambda^2 - 4\lambda + 3 = 0 \Rightarrow (\lambda - 3)(\lambda - 1) = 0 \Rightarrow \lambda = 1$ 或 $\lambda = 3$

　　　所以齊次解為 $y_h = c_1 e^x + c_2 e^{3x}$

例 2　求 $y'' - 2y' + y = 0$ 的解

　解　y'' 用 λ^2 代，y' 用 λ 代，y 用 1 代，即

　　　$\lambda^2 - 2\lambda + 1 = 0 \Rightarrow (\lambda - 1)^2 = 0 \Rightarrow \lambda = 1, 1$

　　　所以齊次解為 $y_h = (c_1 + c_2 x)e^x$

例 3　求 $y'' - y' + y = 0$ 的解

　解　$\lambda^2 - \lambda + 1 = 0 \Rightarrow \lambda = \dfrac{1 \pm \sqrt{3}\,i}{2} = \dfrac{1}{2} \pm \dfrac{\sqrt{3}}{2}i$

　　　所以齊次解為 $y_h = e^{\frac{1}{2}x}\left[c_1 \cos(\dfrac{\sqrt{3}}{2}x) + c_2 \sin(\dfrac{\sqrt{3}}{2}x)\right]$

例 4 求 $y'' + 4y = 0$ 之解

解 $\lambda^2 + 4 = 0 \Rightarrow \lambda = \pm 2i$

齊次解為 $y_h = e^{0x}[c_1 \cos(2x) + c_2 \sin(2x)]$

$$= c_1 \cos 2x + c_2 \sin 2x$$

練習題

1. $y'' + 4y' + 3y = 0$，

答 $y_h = c_1 e^{-3x} + c_2 e^{-x}$

2. $y'' + 4y' + 4y = 0$，

答 $y_h = (c_1 + c_2 x)e^{-2x}$

3. $y'' + 2y' + 5y = 0$，

答 $y_h = e^{-x}(c_1 \cos 2x + c_2 \sin 2x)$

4. $y'' + y' - 2y = 0$，

答 $y_h = c_1 e^{-2x} + c_2 e^{x}$

5. $y'' - 2y' + 10y = 0$，

答 $y_h = e^{x}(c_1 \cos 3x + c_2 \sin 3x)$

6. $y'' - 3y' - 10y = 0$，

答 $y_h = c_1 e^{5x} + c_2 e^{-2x}$

7. $4y'' + y = 0$，

答 $y_h = c_1 \cos \dfrac{1}{2}x + c_2 \sin \dfrac{1}{2}x$

8. $25y'' + 2y = 0$，

答 $y_h = c_1 \cos \dfrac{\sqrt{2}}{5}x + c_2 \sin \dfrac{\sqrt{2}}{5}x$

9. $y'' - 10y' + 25y = 0$，

   答 $y_h = (c_1 + c_2 x)e^{5x}$

10. $y'' - 8y' + 4y = 0$，

   答 $y_h = c_1 e^{(4+2\sqrt{3})x} + c_2 e^{(4-2\sqrt{3})x}$

3.2　二階常係數非齊次線性方程式

• 第二式：二階常係數非齊次線性方程式（求 y_p）

■ 二階常係數非齊次線性方程式為：$y'' + ay' + by = r(x)$，
其中 a, b 為常數，$r(x)$ 為 x 的函數。（和第一式比較，
等號右邊多一個 $r(x)$）

■ 其解法為：

(1) 先求 $y'' + ay' + by = 0$ 之齊次解（用上一節方法解
之），令求出來的解為 y_h。

(2) 找一個解 y_p，使得此解滿足 $y_p'' + ay_p' + by_p = r(x)$，此解
稱為特殊解 y_p。

(3) 則 $y'' + ay' + by = r(x)$ 的完全解為 $y_c = y_h + y_p$。

■ 上面第 (2) 項中找出特殊解 y_p，是有一些方法來找的，
它與 $r(x)$ 有關，如下表所示：

$r(x)$ 值	y_p 假設值 （底下的 $k, A, B, \cdots$ 均為未知數）
$r(x) = c$（c 為一常數）	設 $y_p = k$（k 為一常數）
$r(x) = a_0 + a_1 x$	設 $y_p = A + Bx$
$r(x) = x^n$（或 $a_0 x^n + a_1 x^{n-1} + \cdots + a_n$）	設 $y_p = A_0 + A_1 x + \cdots + A_n x^n$
$r(x) = e^{ax}$	設 $y_p = ke^{ax}$
$r(x) = \sin\beta x$（或 $\cos\beta x$）	設 $y_p = A\sin\beta x + B\cos\beta x$
上述任二項相加	上述任二項相加
上述任二項相乘	上述任二項相乘

$r(x)$ 值	y_p 假設值 （底下的 $k, A, B, \cdots$ 均為未知數）
例：$r(x) = x + e^{ax}$（相加）	設 $y_p = (A + Bx) + ke^{ax}$（相加）
例：$r(x) = e^{ax}\sin x$（相乘）	設 $y_p = Ae^{ax}\sin x + Be^{ax}\cos x$（相乘）
例：$r(x) = x\sin\beta x$（或 $x\cos\beta x$） （相乘）	設 $y_p = A\sin\beta x + B\cos\beta x + Cx\sin\beta x + Dx\cos\beta x$　（相乘）

將上述 y_p 假設值代入原微分方程式，再利用比較係數法，就可以解出所有的未知數。

例 1　求 $y'' + 4y = 12$ 之 y_c 解

解　(1) 先求 $y'' + 4y = 0$ 的齊次解，

即 $\lambda^2 + 4 = 0 \Rightarrow \lambda = \pm 2i$，

所以 $y_h = c_1 \cos 2x + c_2 \sin 2x$

(2) 因 $r(x) = 12$，

令 $y_p = k$，（其中 k 為未知數）

則 $y'_p = 0$、$y''_p = 0$

(3) 代入原方程式 $y'' + 4y = 12$（之後比較係數可解之）

$\Rightarrow y''_p + 4y_p = 12 \Rightarrow 4k = 12 \Rightarrow k = 3$，

所以 $y_p = 3$

(4) 完全解 $y_c = y_h + y_p = c_1 \cos(2x) + c_2 \sin(2x) + 3$

例 2　求 $y'' - 2y' + y = 3x^2 - 12x + 5$ 之 y_c 解

解　(1) 先求 $y'' - 2y' + y = 0$ 的齊次解，

即 $\lambda^2 - 2\lambda + 1 = 0 \Rightarrow \lambda = 1, 1$

所以 $y_h = (c_1 + c_2 x) e^x$

(2) 因 $r(x) = 3x^2 - 12x + 5$（x 最高次方為 2 次方），

令 $y_p = A + Bx + Cx^2$（假設到 x^2），（其中 A, B, C 為
　　　　　　　　　　　　　　　　　　未知數）

則 $y_p' = B + 2Cx$，$y_p'' = 2C$

(3) 代入原微分方程式（之後比較係數可解之）

$y_p'' - 2\,y_p' + y_p = 3x^2 - 12x + 5$

$\Rightarrow 2C - 2(B + 2Cx) + (A + Bx + Cx^2) = 3x^2 - 12x + 5$

$\Rightarrow Cx^2 + (B - 4C)x + (2C - 2B + A) = 3x^2 - 12x + 5$

比較係數，x^2 係數：$C = 3$

x 係數：$B - 4C = -12$

常數係數：$2C - 2B + A = 5$

$\Rightarrow C = 3, B = 0, A = -1$

所以 $y_p = 3x^2 - 1$

(4) $y_c = y_h + y_p = (c_1 + c_2 x)e^x + (3x^2 - 1)$

例3 解 $y'' - y' - 6y = e^x$ 之 y_c 解

解 (1) 先求 $y'' - y' - 6y = 0$ 的齊次解，

即 $\lambda^2 - \lambda - 6 = 0 \Rightarrow \lambda = -2, 3$

所以 $y_h = c_1 e^{-2x} + c_2 e^{3x}$

(2) 因 $r(x) = e^x$，令 $y_p = Ae^x$，（其中 A 是未知數）

則 $y_p' = Ae^x$，$y_p'' = Ae^x$

(3) 代入原微分方程式

$y_p'' - y_p' - 6y_p = e^x$

$\Rightarrow Ae^x - Ae^x - 6Ae^x = e^x \Rightarrow A = -\dfrac{1}{6}$，

所以 $y_p = -\dfrac{1}{6}e^x$

(4) $y_c = y_h + y_p = c_1 e^{-2x} + c_2 e^{3x} - \dfrac{1}{6}e^x$

例 4　解 $y'' - y' - 2y = 2\sin x$ 之 y_p 解

解　(1) 因 $r(x) = 2\sin x$，

令 $y_p = a\sin x + b\cos x$

（註：$r(x)$ 前面的係數 $(=2)$，不必考慮，a, b 是未知數）

則 $y_p' = a\cos x - b\sin x$，

$y_p'' = -a\sin x - b\cos x$

(2) 代入原微分方程式

$y_p'' - y_p' - 2y_p = 2\sin x$

$\Rightarrow (-a\sin x - b\cos x) - (a\cos x - b\sin x) - 2(a\sin x + b\cos x) = 2\sin x$

(3) 比較 $\sin x$ 係數 $\Rightarrow -a + b - 2a = 2 \Rightarrow -3a + b = 2$ ……(a)

比較 $\cos x$ 係數 $\Rightarrow -b - a - 2b = 0 \Rightarrow a + 3b = 0$ ……(b)

由 (a)(b) 解得 $a = -\dfrac{3}{5}$，$b = \dfrac{1}{5}$

(4) 所以 $y_p = -\dfrac{3}{5}\sin x + \dfrac{1}{5}\cos x$

註：y_p 假設為 $a\sin x + b\cos x$，就比較 $\sin x$ 和 $\cos x$ 的係數

例 5　解 $y'' - y' - 2y = 2\cos x + 5$ 之 y_p 解

解　(1) 當 $r(x) = 2\cos x$ 時，令 $y_p = a\sin x + b\cos x$

當 $r(x) = 5$ 時，令 $y_p = k$

現在 $r(x) = 2\cos x + 5$（相加）

$\Rightarrow y_p = a\sin x + b\cos x + k$（相加）

則 $y'_p = a\cos x - b\sin x$，$y''_p = -a\sin x - b\cos x$

(2) 代入原微分方程式

$y''_p - y'_p - 2y_p = 2\cos x + 5$

$\Rightarrow (-a\sin x - b\cos x) - (a\cos x - b\sin x) - 2(a\sin x + b\cos x$

$+ k) = 2\cos x + 5$

(3) 比較 $\sin x$ 係數 $\Rightarrow -a + b - 2a = 0 \Rightarrow -3a + b = 0$ ……(a)

比較 $\cos x$ 係數 $\Rightarrow -b - a - 2b = 2 \Rightarrow a + 3b = -2$ ……(b)

比較常數的係數 $\Rightarrow -2k = 5 \Rightarrow k = -\dfrac{5}{2}$ ……(c)

由 (a)(b) 解得 $a = \dfrac{-1}{5}$，$b = \dfrac{-3}{5}$

(4) 所以 $y_p = \dfrac{-1}{5}\sin x + \dfrac{-3}{5}\cos x - \dfrac{5}{2}$

註：y_p 假設為 $y_p = a\sin x + b\cos x + k$，就比較 $\sin x$，

$\cos x$，常數的係數

例 6 求 $y'' + 4y = x\sin x$ 之 y_p 解

解 (1) 當 $r(x) = x$ 時，令 $y_p = A + Bx$，

當 $r(x) = \sin x$ 時，令 $y_p = C\sin x + D\cos x$，

現在 $r(x) = x\sin x$（相乘），

所以 $y_p = (A + Bx)(C\sin x + D\cos x)$

$= AC\sin x + AD\cos x + BCx\sin x + BDx\cos x$

$= A_1\sin x + A_2\cos x + A_3x\sin x + A_4x\cos x$

（因未知數乘以未知數還是未知數，所以設

$AC = A_1 \cdot AD = A_2 \cdot BC = A_3 \cdot BD = A_4$）

即令 $y_p = A_1\sin x + A_2\cos x + A_3x\sin x + A_4x\cos x$

$y'_p = A_1\cos x - A_2\sin x + A_3x\cos x + A_3\sin x - A_4x\sin x + A_4\cos x$

$= (A_1 + A_4)\cos x + (A_3 - A_2)\sin x + A_3x\cos x - A_4x\sin x$

$$y''_p = (-A_1 - 2A_4)\sin x + (2A_3 - A_2)\cos x - A_3 x\sin x - A_4 x\cos x$$

(2) 代入原微分方程式，

$$y''_p + 4y_p = x\sin x \Rightarrow$$

$$(-A_1 - 2A_4 + 4A_1)\sin x + (2A_3 - A_2 + 4A_2)\cos x + 3A_3 x\sin x$$

$$+ 3A_4 x\cos x = x\sin x$$

(3) 比較 $\sin x$ 係數 $\Rightarrow 3A_1 - 2A_4 = 0$，

比較 $\cos x$ 係數 $\Rightarrow 2A_3 + 3A_2 = 0$，

比較 $x\sin x$ 係數 $\Rightarrow 3A_3 = 1$，

比較 $x\cos x$ 係數 $\Rightarrow 3A_4 = 0$

$$\Rightarrow A_3 = \frac{1}{3} \text{，} A_2 = -\frac{2}{9} \text{，} A_4 = 0 \text{，} A_1 = 0$$

(4) 所以 $y_p = \frac{1}{3}x\sin x - \frac{2}{9}\cos x$

註：y_p 假設為 $y_p = A_1\sin x + A_2\cos x + A_3 x\sin x + A_4 x\cos x$，

就比較 $\sin x, \cos x, x\sin x, x\cos x$ 的係數

例 7 求 $y'' + 5y' + 4y = xe^x + 4$ 之 y_c 解

解 (1) 先求 $y'' + 5y' + 4y = 0$ 的解，

即 $\lambda^2 + 5\lambda + 4 = 0 \Rightarrow \lambda = -1, -4$

故 $y_h = c_1 e^{-x} + c_2 e^{-4x}$

(2) $r(x) = xe^x + 4$ （先相乘後再相加）

(a) 當 $r(x) = x$ 時，$y_p = (a + bx)$

(b) 當 $r(x) = e^x$ 時，$y_p = c \cdot e^x$

(c) 當 $r(x) = 4$ 時，$y_p = k$

(d) 當 $r(x) = xe^x$ 時 （相乘），

$$y_p = (a + bx)c \cdot e^x = ace^x + bcxe^x$$

$$= Ae^x + Bxe^x$$

（即設 $ac = A, bc = B$）

(e) 當 $r(x) = xe^x + 4$ 時（相加），$y_p = Ae^x + Bxe^x + k$

$\Rightarrow y'_p = Ae^x + Bxe^x + Be^x$，

$y''_p = Ae^x + Bxe^x + 2Be^x$

(3) 代入原微分方程式

$y''_p + 5\,y'_p + 4y_p = xe^x + 4$

$\Rightarrow \left(Ae^x + Bxe^x + 2Be^x\right) + 5\left[Ae^x + Bxe^x + Be^x\right]$

$\quad + 4\left[Ae^x + Bxe^x + k\right] = xe^x + 4$

(i) 比較 e^x 係數 $\Rightarrow 10A + 7B = 0$，

(ii) 比較 xe^x 係數 $\Rightarrow 10B = 1$，

(ii) 比較常數的係數 $\Rightarrow 4k = 4$，

由 (i)(ii)(iii) 得 $k = 1$, $B = \dfrac{1}{10}$, $A = \dfrac{-7}{100}$

所以 $y_p = \dfrac{-7}{100}e^x + \dfrac{1}{10}xe^x + 1$

(4) $y_c = y_h + y_p = c_1 e^{-x} + c_2 e^{-4x} + \dfrac{-7}{100}e^x + \dfrac{1}{10}xe^x + 1$

註：y_p 假設為 $y_p = Ae^x + Bxe^x + k$，就比較 e^x, xe^x 和常數的係數

例 8 求 $y'' - 5y' + 4y = e^x$ 之 y_c 解

解 (1) 先求 $y'' - 5y' + 4y = 0$ 的解，

即 $\lambda^2 - 5\lambda + 4 = 0 \Rightarrow \lambda = 1, 4$

故 $y_h = c_1 e^x + c_2 e^{4x}$

(2) 因 $r(x) = e^x$，令 $y_p = Ae^x$，

則 $y'_p = Ae^x$, $y''_p = Ae^x$

(3) 代入原微分方程式

$y''_p - 5\,y'_p + 4y_p = e^x$

$$\Rightarrow Ae^x - 5Ae^x + 4Ae^x = e^x$$

$$\Rightarrow 0 = e^x \text{（無解）}$$

(4) 此題用本方法（第二式）解不出 y_p，此題稱為「踩到狗屎」，必須要用第三式避開狗屎的方法，才能求得出 y_p。

練習題

1. $y'' - 3y' + 2y = e^{5x}$，

   答 $y = c_1 e^x + c_2 e^{2x} + \dfrac{1}{12} e^{5x}$

2. $y'' + 5y' + 4y = 3 - 2x$，

   答 $y = c_1 e^{-x} + c_2 e^{-4x} - \dfrac{1}{2} x + \dfrac{11}{8}$

3. $y'' + 9y = x\cos x$，

   答 $y = c_1 \cos 3x + c_2 \sin 3x + \dfrac{1}{8} x \cos x + \dfrac{1}{32} \sin x$

4. $y'' - 4y' + 3y = 1$，

   答 $y = c_1 e^x + c_2 e^{3x} + \dfrac{1}{3}$

5. $y'' - 6y' + 9y = e^{2x}$，

   答 $y = c_1 e^{3x} + c_2 x e^{3x} + e^{2x}$

6. $y'' + y' - 2y = 2(1 + x - x^2)$，

   答 $y = c_1 e^x + c_2 e^{-2x} + x^2$

7. $y'' - y = \sin^2 x$（註：$\sin^2 x = \dfrac{1}{2}(1 - \cos 2x)$），

   答 $y = c_1 e^x + c_2 e^{-x} - \dfrac{1}{2} + \dfrac{1}{10} \cos 2x$

8. $y'' + 9y = 18$，

　　答　$y = c_1 \cos 3x + c_2 \sin 3x + 2$

9. $y'' + 9y = 27x^2$，

　　答　$y = c_1 \cos 3x + c_2 \sin 3x - \dfrac{2}{3} + 3x^2$

10. $y'' + y = 3x^2 + 4$，

　　答　$y = c_1 \cos x + c_2 \sin x - 2 + 3x^2$

11. $y'' - 4y' + 4y = 3e^{3x}$，

　　答　$y = (c_1 + c_2 x)e^{2x} + 3e^{3x}$

12. $y'' + 4y = x - 4e^x$，

　　答　$y = c_1 \cos 2x + c_2 \sin 2x + \dfrac{1}{4}x - \dfrac{4}{5}e^x$

13. $y'' - y' - 2y = 10\cos x$，

　　答　$y = c_1 e^{2x} + c_2 e^{-x} - \sin x - 3\cos x$

14. $y'' - 3y' + 2y = 2\sin x$，

　　答　$y = c_1 e^{2x} + c_2 e^x + \dfrac{1}{5}\sin x + \dfrac{3}{5}\cos x$

15. $y'' - 9y = e^{2x} + \sin x$，

　　答　$y = c_1 e^{3x} + c_2 e^{-3x} - \dfrac{1}{5}e^{2x} - \dfrac{1}{10}\sin x$

16. $y'' + y = (x + 4)e^x$，

　　答　$y = c_1 \cos x + c_2 \sin x + \dfrac{1}{2}xe^x + \dfrac{3}{2}e^x$

17. $y'' + y = x + \sin x$（踩到狗屎），

　　答　用本節的方法解不出來

3.3　二階常係數非齊次線性方程式的特例

> ・**第三式：二階常係數非齊次線性方程式的 y_p 特例（求 y_p）**
>
> ■二階常係數非齊次線性方程式若求出來的 y_h 和 $r(x)$ 有相同的項時，我們稱爲「踩到狗屎」，我們要避開狗屎，才能解得出 y_p。
>
> ■避開狗屎的方法是假設的 y_p 要多乘以 x，直到 y_p 和 y_h 不同爲止。
>
> ■例：(1) 若 $y_h = c_1 e^x + c_2 e^{2x}$，而 $r(x) = e^x$ 時，此時 y_h 有 e^x 項，$r(x)$ 亦有 e^x 項，所以 y_p 要假設成 $x(ke^x)$，即 y_p 要多乘以 x（不能和 y_h 有相同的內容）
>
> (2) 若 $y_h = (c_1 + c_2 x)e^x$，而 $r(x) = e^x$ 時，此時 y_h 有 e^x 和 xe^x 項，$r(x)$ 也 e^x 項，所以 y_p 要假設成 $x^2(ke^x)$，即 y_p 要多乘以 x^2（不能和 y_h 有相同的內容）
>
> (3) 若 $y_h = c_1\cos x + c_2\sin x$，而 $r(x) = \cos x$ 時，則 y_p 要假設成 $x[A\cos x + B\sin x]$
>
> (4) 若 $y_h = c_1\cos x + c_2\sin x$，而 $r(x) = x\cos x$ 時，則 y_p 要假設成 $x[A\sin x + B\cos x + Cx\sin x + Dx\cos x]$

例 1　解 $y'' - 5y' + 4y = e^x$

解 (1) 先求 $y'' - 5y' + 4y = 0$ 的解：$\lambda^2 - 5\lambda + 4 = 0 \Rightarrow \lambda = 4, 1$
所以 $y_h = c_1 e^{4x} + c_2 e^x$

(2) 因 $r(x) = e^x$，而 y_h 也有 e^x，所以 y_p 要設為 $x(ke^x)$，即
$y_p = k\,xe^x$，$y_p' = k\,e^x + k\,xe^x$

$$y_p'' = k\,e^x + k\,e^x + k\,xe^x = 2k\,e^x + k\,xe^x \text{,}$$

(3) 代入原微分方程式 $y_p'' - 5\,y_p' + 4y_p = e^x$

$$\Rightarrow \left[2k\,e^x + k\,xe^x\right] - 5\left[k\,e^x + k\,xe^x\right] + 4\left[k\,xe^x\right] = e^x$$

（比較 e^x 係數）$\Rightarrow -3k = 1 \Rightarrow k = -\dfrac{1}{3}$

即 $y_p = -\dfrac{1}{3}\,xe^x$

(4) $y_c = y_h + y_p = c_1 e^{4x} + c_2 e^x - \dfrac{1}{3}xe^x$

例2　求 $y'' - 4y' + 4y = 3e^{2x}$

解　(1) 先求 $y'' - 4y' + 4y = 0$ 的解：$\lambda^2 - 4\lambda + 4 = 0 \Rightarrow \lambda = 2\,,\,2$
所以 $y_h = \left(c_1 + c_2 x\right)e^{2x}$

(2) 因 $r(x) = e^{2x}$，而 y_h 有 e^{2x} 和 xe^{2x} 項，所以 y_p 要設為
$x^2\left[Ae^{2x}\right] = Ax^2 e^{2x}$，即設 $y_p = Ax^2 e^{2x}$，
$y_p' = 2Axe^{2x} + 2Ax^2 e^{2x}$，
$y_p'' = 2Ae^{2x} + 4Axe^{2x} + 4Axe^{2x} + 4Ax^2 e^{2x}$
$\quad = 2Ae^{2x} + 8Axe^{2x} + 4Ax^2 e^{2x}$

(3) 代入原微分方程式 $y_p'' - 4\,y_p' + 4y_p = 3e^{2x}$
$\Rightarrow (2Ae^{2x} + 8Axe^{2x} + 4Ax^2 e^{2x}) - 8Axe^{2x} - 8Ax^2 e^{2x}$
$\quad + 4Ax^2 e^{2x} = 3e^{2x}$

（比較 e^{2x} 係數）$\Rightarrow 2A = 3 \Rightarrow A = \dfrac{3}{2}$，

即 $y_p = \dfrac{3}{2}x^2 e^{2x}$

(4) $y_c = y_h + y_p = \left(c_1 + c_2 x\right)e^{2x} + \dfrac{3}{2}x^2 e^{2x}$

例3 求 $y'' + 2y' = 4x + 8$

解 (1) 先求 $y'' + 2y' = 0$ 的通解：$\lambda^2 + 2\lambda = 0 \Rightarrow \lambda = 0, -2$

所以 $y_h = c_1 + c_2 e^{-2x}$

(2) 因 $r(x) = 4x + 8$，y_p 設為 $Ax + B$，

又因 $r(x)$ 有常數 8 且 y_h 有 c_1 項（同為常數項），

所以 y_p 改設為 $x[Ax + B] = Ax^2 + Bx$，即

$y_p = Ax^2 + Bx$，$y'_p = 2Ax + B$，$y''_p = 2A$

(3) 代入原微分方程式 $y''_p + 2y'_p = 4x + 8$

$\Rightarrow 2A + 2(2Ax + B) = 4x + 8$

（比較係數）得 $A = 1$，$B = 3$，即 $y_p = x^2 + 3x$

(4) $y_c = y_h + y_p = c_1 + c_2 e^{-2x} + x^2 + 3x$

例4 求 $y'' + y = \sin x$

解 (1) 先求 $y'' + y = 0$ 的解：$\lambda^2 + 1 = 0 \Rightarrow \lambda = 0 \pm i$

所以 $y_h = c_1 \cos x + c_2 \sin x$

(2) 因 $r(x) = \sin x$，而 y_h 有 $\sin x$ 項，

所以 y_p 要設為 $x(a\sin x + b\cos x) = ax\sin x + bx\cos x$，即

$y_p = ax\sin x + bx\cos x$，

$y'_p = a\sin x + ax\cos x + b\cos x - bx\sin x$，

$y''_p = a\cos x + a\cos x - ax\sin x - b\sin x - b\sin x - bx\cos x$，

$= -2b\sin x + 2a\cos x - ax\sin x - bx\cos x$

(3) 代入原微分方程式 $y''_p + y_p = \sin x$

$\Rightarrow (-2b\sin x + 2a\cos x - ax\sin x - bx\cos x)$

$+ (ax\sin x + bx\cos x) = \sin x$

(a) 比較 $\cos x$ 係數 $\Rightarrow 2a = 0 \Rightarrow a = 0$

(b) 比較 $\sin x$ 係數 $\Rightarrow -2b = 1 \Rightarrow b = -\dfrac{1}{2}$

$$\Rightarrow y_p = -\frac{1}{2} x \cos x$$

(4) $y_c = y_h + y_p = c_1 \cos x + c_2 \sin x - \dfrac{1}{2} x \cos x$

練習題

1. $y'' - 3y' + 2y = e^x$ ，

   答　$y = c_1 e^x + c_2 e^{2x} - x e^x$

2. $y'' - 4y' = 5$ ，

   答　$y = c_1 + c_2 e^{4x} - \dfrac{5x}{4}$

3. $y'' - y = 4x e^x$ ，

   答　$y = c_1 e^x + c_2 e^{-x} + e^x (x^2 - x)$

4. $y'' + 4y = 2\cos x \cdot \cos 3x (= \cos 2x + \cos 4x)$ ，

   答　$y = c_1 \cos 2x + c_2 \sin 2x + \dfrac{1}{4} x \sin 2x - \dfrac{1}{12} \cos 4x$

5. $y'' - 2y' + y = e^x + x$ ，

   答　$y = (c_1 + c_2 x) e^x + \dfrac{1}{2} x^2 e^x + x + 2$

6. $y'' - 4y' + 4y = 2e^{2x} + \cos x$ ，

   答　$y = (c_1 + c_2 x) e^{2x} + x^2 e^{2x} - \dfrac{4}{25} \sin x + \dfrac{3}{25} \cos x$

7. $y'' + 3y' + 2y = 2e^{-x}$ ，

   答　$y = c_1 e^{-x} + c_2 e^{-2x} + 2x e^{-x}$

8. $y'' - 6y' + 9y'' = 3e^{3x}$ ，

   答　$y = (c_1 + c_2 x) e^{3x} + \dfrac{3}{2} x^2 e^{3x}$

3.4 參數變換法

- **第四式：參數變換法（求 y_p）**

  ■ 第二式、第三式、第四式都是用來求特解 y_p 的方法。第二式只適用於 $r(x)$ 是某幾種類型的函數（如：無法解 $r(x) = \tan x$），第三式是用來解決「踩到狗屎」的題目，第四式則可適用於 $r(x)$ 是任何類型的函數，但其解法比較複雜。

  ■ 微分方程式 $y'' + ay' + by = r(x)$，也可以用參數變換法來求特解 y_p。

  ■ 用參數變換法來求特解的作法如下：（註：此用法的 y'' 前的係數要為 1）

  (1) 先求出 $y'' + ay' + by = 0$ 的 y_h 解。

  令 $y_h(x) = c_1 y_1(x) + c_2 y_2(x)$

  (2) 此方法的 y_p 則是用特定函數 $u(x)$ 和 $v(x)$ 代替上式的 c_1 和 c_2，即假設 $y_p(x) = u(x) \cdot y_1(x) + v(x) \cdot y_2(x)$（此時 $u(x)$ 和 $v(x)$ 是未知函數）

  (3) 將 y_p 代入原微分方程式，可解出 $u(x)$ 和 $v(x)$。

  $u(x)$ 和 $v(x)$ 的結果為：

  $$u(x) = \int \frac{m(x)}{w(x)}\,dx \,,\, v(x) = \int \frac{n(x)}{w(x)}\,dx$$

  其中 $w(x) = \begin{vmatrix} y_1 & y_2 \\ y_1' & y_2' \end{vmatrix}, m(x) = \begin{vmatrix} 0 & y_2 \\ r(x) & y_2' \end{vmatrix}, n(x) = \begin{vmatrix} y_1 & 0 \\ y_1' & r(x) \end{vmatrix}$

  (4) 證明請參閱附錄一。

例 1 求 $y'' + y = \sec x$ 之解

解 (1) 先求 $y'' + y = 0$ 之解，

即 $\lambda^2 + 1 = 0 \Rightarrow \lambda = \pm i$

$\Rightarrow y_h = c_1 \cos x + c_2 \sin x$

(2) 令 $y_1(x) = \cos x, y_2(x) = \sin x$

設 $y_p(x) = u(x) \cdot y_1(x) + v(x) \cdot y_2(x)$

則 $w = \begin{vmatrix} y_1(x) & y_2(x) \\ y_1'(x) & y_2'(x) \end{vmatrix} = y_1(x) \cdot y_2'(x) - y_1'(x) y_2(x)$

$= \cos x \cdot \cos x - (-\sin x)\sin x = 1$

$m(x) = \begin{vmatrix} 0 & y_2(x) \\ r(x) & y_2'(x) \end{vmatrix} = -y_2(x)r(x)$

$u(x) = -\int \dfrac{y_2(x)r(x)}{w} dx = -\int \sin x \cdot \sec x \, dx = -\int \dfrac{\sin x}{\cos x} dx$

$= \ln|\cos x|$

$n(x) = \begin{vmatrix} y_1(x) & 0 \\ y_1'(x) & r(x) \end{vmatrix} = y_1(x)r(x)$

$v(x) = \int \dfrac{y_1(x)r(x)}{w} dx = \int \cos x \cdot \sec x \, dx = \int 1 \, dx = x$

所以 $y_p = u(x)\, y_1(x) + v(x) y_2(x)$

$= \cos x \cdot \ln|\cos x| + x \sin x$

(3) $y_c = y_h + y_p$

$= c_1 \cos x + c_2 \sin x + (\cos x \cdot \ln|\cos x| + x \cdot \sin x)$

例2 求 $y'' + y = \tan x$ 之解

解 (1) 先求 $y'' + y = 0$ 之解

$\Rightarrow y_h = c_1 \cos x + c_2 \sin x$ （同例 1 之 (1)）

(2) 令 $y_1(x) = \cos x$, $y_2(x) = \sin x$，

設 $y_p = u(x) \cdot y_1(x) + v(x) y_2(x)$

則 $w = \begin{vmatrix} y_1(x) & y_2(x) \\ y_1'(x) & y_2'(x) \end{vmatrix} = y_1(x) \cdot y_2'(x) - y_1'(x) y_2(x)$

$= \cos x \cdot \cos x - (-\sin x) \sin x = 1$

$m(x) = \begin{vmatrix} 0 & y_2(x) \\ r(x) & y_2'(x) \end{vmatrix} = -y_2(x) r(x)$

$u(x) = -\int \frac{y_2(x) \cdot r(x)}{w} dx = -\int \sin x \cdot \tan x \, dx$

$= -\int \frac{\sin^2 x}{\cos x} dx = \int \frac{\cos^2 x - 1}{\cos x} dx$ （分子分成二項）

$= \int (\cos x - \sec x) dx = \sin x - \ln|\sec x + \tan x|$

$n(x) = \begin{vmatrix} y_1(x) & 0 \\ y_1'(x) & r(x) \end{vmatrix} = y_1(x) r(x)$

$v(x) = \int \frac{y_1(x) r(x)}{w} dx = \int \cos x \tan x \, dx = \int \sin x \, dx$

$= -\cos x$

所以 $y_p = u(x) y_1(x) + v(x) y_2(x)$

$= (\sin x - \ln|\sec x + \tan x|) \cdot \cos x - \sin x \cdot \cos x$

$= -\cos x \cdot \ln|\sec x + \tan x|$

(3) $y_c = y_h + y_p = c_1 \cos x + c_2 \sin x - \cos x \cdot \ln|\sec x + \tan x|$

例 3 求 $2y'' - y' - y = 1$ 之解

解 (1) 求 $2y'' - y' - y = 0$ 之解 $\Rightarrow y_h = c_1 e^{\frac{-x}{2}} + c_2 e^x$

(2) 因此用法的 y'' 前的係數要為 1，即 $y'' - \dfrac{1}{2}y' - \dfrac{1}{2}y$
$= \dfrac{1}{2}$，所以本題的 $r(x)$ 要代 $\dfrac{1}{2}$

(3) 令 $y_1(x) = e^{\frac{-x}{2}}$，$y_2(x) = e^x$，
設 $y_p = u(x) \cdot y_1(x) + v(x) y_2(x)$
則 $w = \begin{vmatrix} y_1(x) & y_2(x) \\ y_1'(x) & y_2'(x) \end{vmatrix} = y_1(x) \cdot y_2'(x) - y_1'(x) y_2(x)$

$$= e^{\frac{-x}{2}} \cdot e^x + \frac{1}{2} e^{\frac{-x}{2}} \cdot e^x$$

$$= \frac{3}{2} e^{\frac{x}{2}}$$

$$m(x) = \begin{vmatrix} 0 & y_2(x) \\ r(x) & y_2'(x) \end{vmatrix} = -y_2(x)r(x)$$

$$u(x) = -\int \frac{y_2(x) \cdot r(x)}{w} dx = -\int \frac{e^x \cdot \dfrac{1}{2}}{\dfrac{3}{2} e^{\frac{x}{2}}} dx = \frac{-1}{3} \int e^{\frac{x}{2}} dx$$

$$= \frac{-2}{3} e^{\frac{x}{2}}$$

（註：$r(x) = \dfrac{1}{2}$，非 1）

$$n(x) = \begin{vmatrix} y_1(x) & 0 \\ y_1'(x) & r(x) \end{vmatrix} = y_1(x)r(x)$$

$$v(x) = \int \frac{y_1(x) \cdot r(x)}{w} \, dx = \int \frac{e^{\frac{-x}{2}} \cdot \frac{1}{2}}{\frac{3}{2} e^{\frac{x}{2}}} \, dx = \frac{1}{3} \int e^{-x} \, dx = \frac{-1}{3} e^{-x}$$

所以 $y_p = u(x) \, y_1(x) + v(x) \, y_2(x)$

$$= \frac{-2}{3} e^{\frac{x}{2}} \cdot e^{\frac{-x}{2}} + \frac{-1}{3} e^{-x} \cdot e^x = \frac{-2}{3} + \frac{-1}{3} = -1$$

(3) $y_c = y_h + y_p = c_1 e^{\frac{-x}{2}} + c_2 e^x - 1$

（註：此方法求出來的 y_p 和第二式所求出來的 y_p 相同）

練習題

1. $y'' + y = \csc x$，

   答　$y = c_1 \cos x + c_2 \sin x - x \cos x + \sin x \ln |\sin x|$

2. $y'' - 3y' + 2y = -\dfrac{e^{2x}}{e^x + 1}$，

   答　$y = c_1 e^x + c_2 e^{2x} + e^x \ln(e^x + 1) + e^{2x} \ln \dfrac{e^x + 1}{e^x}$

3. $y'' + 4y = \sec 2x$，

   答　$y = c_1 \cos 2x + c_2 \sin 2x + \dfrac{1}{4} \cos 2x \ln |\cos 2x|$

   $\qquad + \dfrac{1}{2} x \sin 2x$

4. $y'' - y = \dfrac{2}{e^x + 1}$，

   答　$y = c_1 e^x + c_2 e^{-x} + e^x [\ln(1 + \dfrac{1}{e^x}) - \dfrac{1}{e^x}] - e^{-x} \ln(e^x + 1)$

3.5 含初值的二階常係數微分方程式

• 第五式：含初值的二階常係數微分方程式

■ 最完整的二階常係數微分方程式為

$y'' + ay' + by = r(x)$，且 $y(0) = p, y'(0) = q$，

其中 $y(0) = p, y'(0) = q$ 稱為初值。

■ 其作法為：

(1) 先求出 $y'' + ay' + by = 0$ 的齊次解 y_h，

令 $y_h = c_1 y_1(x) + c_2 y_2(x)$

(2) 再求出 $y'' + ay' + by = r(x)$ 的特殊解，令其為 y_p

(3) 則 $y'' + ay' + by = r(x)$ 的完全解為 $y_c = y_h + y_p$

(4) 再以初值 $y(0) = p, y'(0) = q$ 代入 y_c，可求出 c_1 和 c_2 值

例 1 解 $y'' - 2y' = e^x$，其中 $y(0) = -1, y(1) = 0$

解 (1) 先解 $y'' - 2y' = 0 \Rightarrow \lambda^2 - 2\lambda = 0 \Rightarrow \lambda = 0, 2$

$\Rightarrow y_h = c_1 e^{0 \cdot x} + c_2 e^{2x} = c_1 + c_2 e^{2x}$

(2) 找出 $y'' - 2y' = e^x$ 的 y_p，

令 $y_p = ke^x$，

則 $y_p' = ke^x$，$y_p'' = ke^x$，

所以 $y_p'' - 2y_p' = e^x$

$\Rightarrow ke^x - 2ke^x = e^x \Rightarrow k = -1 \Rightarrow y_p = -e^x$

(3) $y_c = y_h + y_p = c_1 + c_2 e^{2x} - e^x$

(4) 因 $y(0) = -1 \Rightarrow x = 0, y = -1$ 代入 (3) 式

$\Rightarrow -1 = c_1 + c_2 \cdot e^0 - e^0 \Rightarrow c_1 + c_2 = 0 \cdots (a)$

$y(1) = 0 \Rightarrow x = 1$ 時，$y = 0$ 代入 (3) 式

$$\Rightarrow 0 = c_1 + c_2 \cdot e^2 - e^1 \Rightarrow c_1 + e^2 c_2 = e \cdots\text{(b)}$$

由 (a)(b) 解得 $c_1 = \dfrac{-e}{e^2-1}$ ，$c_2 = \dfrac{e}{e^2-1}$ ，

(5) 所以 $y_c = c_1 + c_2 e^{2x} - e^x = \dfrac{-e}{e^2-1} + \dfrac{e}{e^2-1} \cdot e^{2x} - e^x$

例 2 解 $y'' + 2y' + 2y = 5\cos x$ ，其中 $y(0) = 0$ ，$y(\dfrac{\pi}{2}) = 0$

解 (1) 先解 $y'' + 2y' + 2 = 0 \Rightarrow \lambda^2 + 2\lambda + 2 = 0 \Rightarrow \lambda = -1 \pm i$

$\Rightarrow y_h = e^{-x}(c_1 \cos x + c_2 \sin x)$

(2) 找出 $y_p'' + 2y_p' + 2y_p = 5\cos x$ 的 y_p ，

令 $y_p = a \sin x + b \cos x$ ，

則 $y_p' = a \cos x - b \sin x$ ，$y_p'' = -a \sin x - b \cos x$

$y_p'' + 2y_p' + 2y_p = 5 \cos x$

$\Rightarrow (-a \sin x - b \cos x) + 2(a \cos x - b \sin x)$

$\quad + 2(a \sin x + b \cos x) = 5\cos x$

(i) 比較 $\sin x$ 係數 $\Rightarrow -a - 2b + 2a = 0 \Rightarrow a = 2b$

(ii) 比較 $\cos x$ 係數 $\Rightarrow -b + 2a + 2b = 5 \Rightarrow 2a + b = 5$

解聯立方程式 $\Rightarrow a = 2, b = 1$

$y_p = 2\sin x + \cos x$

(3) $y_c = y_h + y_p = e^{-x}(c_1 \cos x + c_2 \sin x) + 2\sin x + \cos x$

(4) (i) $y(0) = 0 \Rightarrow x = 0, y = 0$ 代入 (3) 式

$\Rightarrow 0 = e^{-0}(c_1 \cos 0 + c_2 \sin 0) + 2 \sin 0 + \cos 0$

$\Rightarrow 0 = c_1 + 1 \Rightarrow c_1 = -1$

(ii) $y(\dfrac{\pi}{2}) = 0 \Rightarrow x = \dfrac{\pi}{2}, y = 0$ 代入 (3) 式

$\Rightarrow 0 = e^{\frac{-\pi}{2}}[c_1 \cos(\dfrac{\pi}{2}) + c_2 \sin(\dfrac{\pi}{2})] + 2\sin(\dfrac{\pi}{2}) + \cos(\dfrac{\pi}{2})$

$$\Rightarrow 0 = c_2 e^{\frac{-\pi}{2}} + 2 \Rightarrow c_2 = -2e^{\frac{\pi}{2}}$$

(5) $y_c = y_h + y_p = e^{-x}\left(-\cos x - 2e^{\frac{\pi}{2}}\sin x\right) + 2\sin x + \cos x$

練習題

1. $y'' - 2y' + y = 1$，其中 $y(0) = 0, y(1) = 0$，

   答　$y = (-1 + \dfrac{e-1}{e}x)e^x + 1$

2. $y'' + y = 1$，其中 $y(0) = 0, y(\dfrac{\pi}{2}) = 2$

   答　$y = -\cos x + \sin x + 1$

3.6　高階微分方程式

・第六式：高階微分方程式

■可以將「第二式」的二階常係數非齊次微分方程式，推
廣到 n 階微分方程式，即

$$y^{(n)} + a_{n-1}y^{(n-1)} + a_{n-2}y^{(n-2)} + \cdots\cdots + a_1 y' + a_0 y = r(x)，$$

其求 y_h 作法也是用 λ 代入，即：$y^{(n)}$ 用 λ^n 代入、$y^{(n-1)}$ 用
λ^{n-1} 代入、…、y' 用 λ 代入、y 用 1 代入。

■其作法為：

(1) 先求出齊次解 y_h

即 $\lambda^n + a_{n-1}\lambda^{n-1} + a_{n-2}\lambda^{n-2} + \cdots\cdots + a_1\lambda + a_0 = 0$，

(a) 若解得的 λ 是 $\lambda_1, \lambda_2, \cdots\cdots, \lambda_n$ 相異根，則其解為：

$$y_h = c_1 e^{\lambda_1 x} + c_2 e^{\lambda_2 x} + \cdots + c_n e^{\lambda_n x}；$$

(b) 若解得的 λ 有 $\lambda_1, \lambda_1, \lambda_1, \lambda_1$ 四重根，則其解為：

$$y_h = (c_1 + c_2 x + c_3 x^2 + c_4 x^3)e^{\lambda_1 x}；$$

(c) 若解得的 λ 有 $a \pm bi, c \pm di$ 雙共軛複數，則其解為：

$$y_h = e^{ax}(c_1 \cos bx + c_2 \sin bx) + e^{cx}(c_3 \cos dx + c_4 \sin dx)$$

(d) 其他情況，依此類推。

(2) 再找出滿足 $y^{(n)} + a_{n-1} \cdot y^{(n-1)} + \cdots + a_1 y' + a_0 y = r(x)$
的特殊解，令為 y_p。

(3) 此微分方程式的完全解為：$y_c = y_h + y_p$。

■例如：

(1) 若解出的 λ 值是 $1, 2, 3, 4$，

則 $y_h = c_1 e^x + c_2 e^{2x} + c_3 e^{3x} + c_4 e^{4x}$；

(2) 若解出的 λ 值是 $1, 2, 2, 2, 2$ ，

則 $y_h = c_1 e^x + (c_2 + c_3 x + c_4 x^2 + c_5 x^3) e^{2x}$ ；

(3) 若解出的 λ 值是 $1, 2 \pm 3i, 4 \pm 5i$ ，

則 $y_h = c_1 e^x + e^{2x}(c_2 \cos 3x + c_3 \sin 3x)$

$\qquad + e^{4x}(c_4 \cos 5x + c_5 \sin 5x)$

(4) 若解出的 λ 值是 1 ，則 $y_h = c_1 e^x$ 。

■和二階的作法相同，若要求 y_p ，可使用第二式的方法來求，若「踩到狗屎」，可用第三式的方法來解決。

例 1 解 $y''' - 3y'' - y' + 3y = 0$

解 $\lambda^3 - 3\lambda^2 - \lambda + 3 = 0 \Rightarrow (\lambda + 1)(\lambda - 1)(\lambda - 3) = 0$

$\qquad\qquad\qquad \Rightarrow \lambda = -1, 1, 3$

所以 $y_h = c_1 e^{-x} + c_2 e^x + c_3 e^{3x}$

例 2 解 $y''' - 3y'' + 4y = 0$

解 $\lambda^3 - 3\lambda^2 + 4 = 0 \Rightarrow (\lambda + 1)(\lambda - 2)^2 = 0 \Rightarrow \lambda = -1, 2, 2$

因有重根，所以解 $y_h = c_1 e^{-x} + (c_2 + c_3 x) e^{2x}$

例 3 解 $y''' - y = 0$

解 $\lambda^3 - 1 = 0 \Rightarrow (\lambda - 1)(\lambda^2 + \lambda + 1) = 0$

$\qquad \Rightarrow (\lambda - 1)(\lambda - \dfrac{-1 \pm \sqrt{3}\, i}{2}) \Rightarrow \lambda = 1, \ \lambda = -\dfrac{1}{2} \pm \dfrac{\sqrt{3}}{2} i$

因有共軛複根，所以解為

$$y_h = c_1 e^x + e^{\frac{-1}{2}x}\left[c_2 \cos(\dfrac{\sqrt{3}x}{2}) + c_3 \sin(\dfrac{\sqrt{3}}{2}x) \right]$$

例4 解 $y''' - 4y'' + 3y' = x^2$

解 (1) 先解 $y''' - 4y'' + 3y' = 0 \Rightarrow \lambda^3 - 4\lambda^2 + 3\lambda = 0$

$\Rightarrow \lambda(\lambda - 1)(\lambda - 3) = 0$

$\Rightarrow \lambda = 0$ 或 $\lambda = 1$ 或 $\lambda = 3$

$\Rightarrow y_h = c_1 + c_2 e^x + c_3 e^{3x}$

(2) 找出 $y''' - 4y'' + 3y' = x^2$ 的 y_p，

令 $y_p = ax^2 + bx + c$，因 y_h 有 c_1（踩到狗屎）

改令 $y_p = x(ax^2 + bx + c) = ax^3 + bx^2 + cx$

則 $y'_p = 3ax^2 + 2bx + c$，$y''_p = 6ax + 2b$，$y'''_p = 6a$

(3) 代入 $y'''_p - 4y''_p + 3y'_p = x^2$

$\Rightarrow 6a - 4(6ax + 2b) + 3(3ax^2 + 2bx + c) = x^2$

$\Rightarrow (6a - 8b + 3c) + (-24a + 6b)x + 9ax^2 = x^2$

(i) 比較 x^2 係數 $\Rightarrow 9a = 1 \Rightarrow a = \dfrac{1}{9}$

(ii) 比較 x 係數 $\Rightarrow -24a + 6b = 0 \Rightarrow b = \dfrac{4}{9}$

(iii) 比較 x^0 係數 $\Rightarrow 6a - 8b + 3c = 0 \Rightarrow c = \dfrac{26}{27}$

$$y_p = \frac{1}{9}x^3 + \frac{4}{9}x^2 + \frac{26}{27}x$$

(4) $y_c = y_h + y_p = c_1 + c_2 e^x + c_3 e^{3x} + \dfrac{1}{9}x^3 + \dfrac{4}{9}x^2 + \dfrac{26}{27}x$

練習題

1. 若 4 階微分方程式算出來的 λ 值如下，則其 y_h 為何？

   (a) $\lambda = 1, 2, 3, 4$，(b) $\lambda = 2, 2, 3, 3$，(c) $\lambda = 1, 2, 3 \pm 4i$

   答 (a) $y_h = c_1 e^x + c_2 e^{2x} + c_3 e^{3x} + c_4 e^{4x}$，

   (b) $y_h = (c_1 + c_2 x)e^{2x} + (c_3 + c_4 x)e^{3x}$，

(c) $y_h = c_1 e^x + c_2 e^{2x} + e^{3x}(c_3 \cos 4x + c_4 \sin 4x)$

2. $y''' + 3y'' - 4y = 0$，

〔答〕 $y = c_1 e^x + c_2 e^{-2x} + c_3 x e^{-2x}$

3. $y''' - 5y'' + 8y' - 4y = 0$，

〔答〕 $y = c_1 e^x + c_2 e^{2x} + c_3 x e^{2x}$

4. $y''' - 4y'' = 5$，

〔答〕 $y = c_1 + c_2 x + c_3 e^{4x} - \dfrac{5x^2}{8}$

5. $y''' - 4y' = x$，

〔答〕 $y = c_1 + c_2 e^{2x} + c_3 e^{-2x} - \dfrac{x^2}{8}$

6. $y''' - 3y'' + 3y' - y = 0$，

〔答〕 $y = (c_1 + c_2 x + c_3 x^2) e^x$

7. $y^{(4)} + 6y''' + 5y'' - 24y' - 36y = 0$，

〔答〕 $y = c_1 e^{2x} + c_2 e^{-2x} + (c_3 + c_4 x) e^{-3x}$

8. $y''' + 4y' = 0$，

〔答〕 $y = c_1 + c_2 \cos 2x + c_3 \sin 2x$

9. $y^{(4)} + 5y'' - 36y = 0$，

〔答〕 $y = c_1 e^{2x} + c_2 e^{-2x} + c_3 \cos 3x + c_4 \sin 3x$

10 $y''' + y'' - 2y' = 0$，

〔答〕 $y = c_1 + c_2 e^x + c_3 e^{-2x}$

11. $y''' - 2y' + 4y = x^4 + 3x^2 - 5x + 2$，

〔答〕 $y = c_1 e^{-2x} + e^x(c_2 \cos x + c_3 \sin x) + \dfrac{1}{4} x^4$

$\qquad + \dfrac{1}{2} x^3 + \dfrac{3}{2} x^2 - \dfrac{5}{4} x - \dfrac{7}{8}$

3.7 微分運算子 D

- 第七式：微分運算子 D

  ■ 微分符號 $\dfrac{d}{dx}$ 可以用 D 來表示，

  即 $\dfrac{dy}{dx} = Dy$, $\dfrac{d^2 y}{dx^2} = D^2 y$, $......, \dfrac{d^n y}{dx^n} = D^n y$

  其中 D 稱爲「微分運算子」。

  ■ 若 n 階常係數微分方程式爲

  $$a_0 y^{(n)} + a_1 y^{(n-1)} + \cdots\cdots + a_{n-1} y' + a_n y = r(x) ，$$

  則其可寫成 $(a_0 D^n + a_1 D^{n-1} + \cdots\cdots + a_{n-1} D + a_n)y = r(x)$

  或寫成 $f(D)y = r(x)$ ，

  其中 $f(D) = a_0 D^n + a_1 D^{n-1} + \cdots\cdots + a_{n-1} D + a_n$

  ■ 微分運算子 D 具有類似「代數」的性質，如

  (1) 分配律：$\left\{ f_1(D) \left[f_2(D) + f_3(D) \right] \right\}y$

  $$= \left\{ f_1(D) f_2(D) + f_1(D) f_3(D) \right\}y$$

  (2) 交換律：$\left[f_1(D) + f_2(D) \right] y = f_2(D)y + f_1(D)y$

  $$f_1(D) \left[f_2(D)y \right] = f_2(D) \left[f_1(D)y \right]$$

  例：$(D - a)(D + a)y = (D^2 - a^2)y$

  $$(D^2 - D + 1)(D + 2)y = (D^3 + D^2 - D + 2)y$$

例 1 解 $(D^2 + 3D + 2)y = e^x$

解 (1) 將 D 改成 $\lambda \Rightarrow \lambda^2 + 3\lambda + 2 = 0$, $\Rightarrow \lambda = -1, -2$

所以 $y_h = c_1 e^{-x} + c_2 e^{-2x}$

(2) 令 $y_p = ke^x \Rightarrow y'_p = ke^x$, $y''_p = ke^x$ 代入

$$D^2 y + 3Dy + 2y = e^x$$

$$\Rightarrow ke^x + 3ke^x + 2ke^x = e^x \Rightarrow k = \frac{1}{6}$$

$$\Rightarrow y_p = \frac{1}{6}e^x$$

(3) $y_c = y_h + y_p = c_1 e^{-x} + c_2 e^{-2x} + \frac{1}{6}e^x$

例2 解 $D(D+1)y = x^2 + 2x + 6$

解 (1) 將 D 改成 $\lambda \Rightarrow \lambda(\lambda+1) = 0 \Rightarrow \lambda = 0, -1$

所以 $y_h = c_1 e^{0x} + c_2 e^{-x} = c_1 + c_2 e^{-x}$

(2) 令 $y_p = \left[Ax^2 + Bx + C \right] \cdot x = Ax^3 + Bx^2 + Cx$（因 y_h 有 c_1

項，與 y_p 的 C 均為常數，所以 y_p 要多乘 x）

$$\Rightarrow y'_p = 3Ax^2 + 2Bx + C, \quad y''_p = 6Ax + 2B$$

代入 $D^2 y + Dy = x^2 + 2x + 6$

$$\Rightarrow [6Ax + 2B] + [3Ax^2 + 2Bx + C] = x^2 + 2x + 6$$

（比較係數）$\Rightarrow 3A = 1, 6A + 2B = 2, 2B + C = 6$

$$\Rightarrow A = \frac{1}{3}, B = 0, C = 6$$

所以 $y_p = \frac{1}{3}x^3 + 6x$

(3) $y_c = y_h + y_p = c_1 + c_2 e^{-x} + \frac{1}{3}x^3 + 6x$

3.8　常係數線性微分方程組

• 第八式：常係數線性微分方程組

■ 微分方程組是含有二個（或以上）有互相關連的微分方程式，例如：（底下 $y_1 = y_1(x)$，$y_2 = y_2(x)$）

$$\begin{cases} a_{11}y'_1 + a_{12}y'_2 + a_{13}y_1 + a_{14}y_2 = r_1(x)\cdots\text{(a)} \\ a_{21}y'_1 + a_{22}y'_2 + a_{23}y_1 + a_{24}y_2 = r_2(x)\cdots\text{(b)} \end{cases}$$

其中：若 a_{11}、a_{12}、a_{13}、a_{14}、a_{21}、a_{22}、a_{23}、a_{24} 均為常數，則此微分方程組就稱為常係數微分方程組。

■ 常係數微分方程組的解法可用「解聯立方程式」的方法解之，其作法如下：

(1) 用消去法將 (a) 式或 (b) 式的 y'_1 或 y'_2 其中一個消去（假設消去 (a) 式的 y'_2），可得到沒有 y'_2 的微分方程式，令為 $b_1y'_1 + b_2y_1 + b_3y_2 = r_3(x)\cdots\text{(c)}$；

(2) 因 (c) 式已無 y'_2，由 (c) 式可將 y_2 隔離出來

$\Rightarrow y_2 = \dfrac{1}{b_3}[r_3(x) - b_1y'_1 - b_2y_1]\cdots\text{(d)}$；

(3) 再將 (d) 式代入 (a) 式或 (b) 式，可得到只有 y_1 的微分方程式；

(4) 利用第二式求 y_1 的微分方程式，解出 y_1 的完全解；

(5) 再將 y_1 的完全解代入 (d) 式，可解出 y_2 的完全解。

■ 註：求出 y_1 後要再求 y_2 時，不可以再用消去法消去 y'_1 重新做過，而是要將 y_1 代回第 (d) 式，求出 y_2。

例1 解 $\begin{cases} y'_1 = 6y_1 - 7y_2 \cdots \text{(a)} \\ y'_2 = y_1 - 2y_2 \cdots \text{(b)} \end{cases}$

做法 因 (a) 式沒有 y'_2、(b) 式沒有 y'_1，

此題可以從 (a) 式隔離出 y_2 或由 (b) 式隔離出 y_1

解 (1) 由 (b) 式 $\Rightarrow y_1 = y'_2 + 2y_2$，

兩邊微分 $\Rightarrow y'_1 = y''_2 + 2y'_2$（代入 (a) 式）

$\Rightarrow y''_2 + 2y'_2 = 6[y'_2 + 2y_2] - 7y_2$

$\Rightarrow y''_2 - 4y'_2 - 5y_2 = 0$

解 $\lambda^2 - 4\lambda - 5 = 0$ 得 $\lambda = -1, 5$，

所以 $y_2 = c_1 e^{-x} + c_2 e^{5x}$

(2) 由 (b) 式 $y'_2 = y_1 - 2y_2 \Rightarrow y_1 = 2y_2 + y'_2 \cdots$ (c)

(3) 而 $y_2 = c_1 e^{-x} + c_2 e^{5x}$，$y'_2 = -c_1 e^{-x} + 5c_2 e^{5x}$ 代入 (c) 式

所以 $y_1 = 2[c_1 e^{-x} + c_2 e^{5x}] + [-c_1 e^{-x} + 5c_2 e^{5x}]$

$= c_1 e^{-x} + 7c_2 e^{5x}$

(4) 最後結果為

$\begin{cases} y_1 = c_1 e^{-x} + 7c_2 e^{5x} \\ y_2 = c_1 e^{-x} + c_2 e^{5x} \end{cases}$

註：不可以重新解聯立的方程組，來求出 y_1

例2 已知 $x(t), y(t)$ 滿足 $\begin{cases} x' + 2x + y' + 6y = 2e^t & \cdots \text{(a)} \\ 2x' + 3x + 3y' + 8y = -1 & \cdots \text{(b)} \end{cases}$，

求 $x(t), y(t)$

做法 因此題 (a) 式和 (b) 式均有 x' 和 y'，必須用消去法先消

去 x' 或 y'（底下消去 x'）

解 (1) 由 (a)(b) 消去 x'，

即 (a)×2 − (b) $\Rightarrow x - y' + 4y = 4e^t + 1$（隔離 x）

$\Rightarrow x = y' - 4y + 4e^t + 1 \cdots$(c)

(c) 式二邊微分 $\Rightarrow x' = y'' - 4y' + 4e^t \cdots$(d)

(2) 將 (c)(d) 二式代入 (a) 式，得到 y 的微分方程式

$\Rightarrow (y'' - 4y' + 4e^t) + 2(y' - 4y + 4e^t + 1) + y' + 6y = 2e^t$

$\Rightarrow y'' - y' - 2y = -10e^t - 2$

(3) 解 $y'' - y' - 2y = -10e^t - 2 \cdots$(e)

先解 $y'' - y' - 2y = 0 \Rightarrow \lambda^2 - \lambda - 2 = 0 \Rightarrow \lambda = -1, 2$

$$\Rightarrow y_h = c_1 e^{-t} + c_2 e^{2t}$$

令 $y_p = c_3 e^t + c_4$ 代入 (e) 式後比較係數，

得 $c_3 = 5, c_4 = 1$

$\Rightarrow y_p = 5e^t + 1$

所以 $y = y_h + y_p = c_1 e^{-t} + c_2 e^{2t} + 5e^t + 1$

（二邊對 t 微分）$\Rightarrow y' = -c_1 e^{-t} + 2c_2 e^{2t} + 5e^t$

(4)（將 y 和 y' 代回原方程式求出 x）

由 (c) $\Rightarrow x = y' - 4y + 4e^t + 1$

$$= \left[-c_1 e^{-t} + 2c_2 e^{2t} + 5e^t \right]$$

$$- 4\left[c_1 e^{-t} + c_2 e^{2t} + 5e^t + 1 \right] + 4e^t + 1$$

所以 $x = -5c_1 e^{-t} - 2c_2 e^{-2t} - 11e^t - 3$

(5) 最後結果 $\begin{cases} x = -5c_1 e^{-t} - 2c_2 e^{-2t} - 11e^t - 3, \\ y = c_1 e^{-t} + c_2 e^{2t} + 5e^t + 1 \end{cases}$

練習題

1. $\begin{cases} x' - x + y' = 2t + 1 \\ 2x' + x + 2y' = t \end{cases}$,

答 $\begin{cases} x = -t - 2/3 \\ y = t^2/2 + 4t/3 + c_1 \end{cases}$

2. $\begin{cases} x' + 2x + 3y = 0 \\ 3x + y' + 2y = 2e^{2t} \end{cases}$,

答 $\begin{cases} x = c_1 e^t + c_2 e^{-5t} - \dfrac{6}{7} e^{2t} \\ y = -c_1 e^t + c_2 e^{-5t} + \dfrac{8}{7} e^{2t} \end{cases}$

3.9 電路學的應用

• 第九式：電路學的應用

■電子元件上的電壓（v）與電流（i）間的關係如下：

(1) 電阻器（R）：$v = i \cdot R$，或 $i = \dfrac{v}{R}$；

(2) 電容器（C）：$i = C\dfrac{dv}{dt}$，或 $v = \dfrac{1}{C}\int i\,dt$

   電容器上的初值以電壓表示，即 $v_c(0)$；

(3) 電感器（L）：$v = L\dfrac{di}{dt}$，或 $i = \dfrac{1}{L}\int v\,dt$

   電感器上的初值以電流表示，即 $i_L(0)$

■解電路的步驟通常為：

(1) (a)電流源（I_0）或並聯電路通常用克西荷夫電流定律
      （KCL）來列式

   (b)電壓源（V_0）或串聯迴路通常用克西荷夫電壓定
      律（KVL）來列式

   (c)例：解 RLC 串聯迴路之迴路電流（電源通常是電
      壓源（V_0），見下圖）

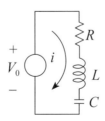

用 KVL 來列方程式，即 $v_R + v_L + v_C = V_0$

(2) (a)若以 KCL 列式，則將電流改成電壓（因其元件的
      電壓均相同）

(b)若以 KVL 列式，則將電壓改成電流（因其元件的電流均相同）

(c)上例（1(c)）中，將 $v_R + v_L + v_C = V_0$ 的 v_R，v_L 和 v_C，改成「電流」，因其電流均相同。

即 $v_R + v_L + v_C = V_0 \Rightarrow iR + L\dfrac{di}{dt} + \dfrac{1}{C}\int idt = V_0$

(3) (a)若第 (2) 步驟列出的方程式有積分符號，則二邊微分

(b)上例中，二邊微分 $\Rightarrow R\dfrac{di}{dt} + L\dfrac{d^2i}{dt^2} + \dfrac{i}{C} = V_0'$

(4) 由 $L\dfrac{d^2i}{dt^2} + R\dfrac{di}{dt} + \dfrac{i}{C} = 0$，算出 i_h，令 $i_h = c_1 i_1 + c_2 i_2$

(5) 由 $L\dfrac{d^2i}{dt^2} + R\dfrac{di}{dt} + \dfrac{i}{C} = V_0'$，算出 i_p

(6) $i_c = i_h + i_p = c_1 i_1 + c_2 i_2 + i_p$

(7) 代入初值，求出 c_1 和 c_2：

例：若第 (6) 步驟求出來的是電流 i_c

(a) 且初值是電流 $i_L(0)$，則直接將 $i_L(0)$ 代入 i_c 內可解出 c_1 和 c_2；

(b) 但若初值是電壓 $v_C(0)$（初值是電壓，求出來的是電流不相同，此情況發生在有做步驟 (3) 時），則由 (2) 式

$$v_R(t) + v_L(t) + v_C(t) = V_0 \quad ,$$

$$\Rightarrow i(t)R + L\frac{di(t)}{dt} + v_C(t) = V_0$$

（積分項要保留原來的 $v_C(t)$）

> 將 $t = 0$ 和 $v_c(0)$ 代入，可解出新的初值 $\dfrac{di(0)}{dt}$，
>
> 再代入 $i_c = i_h + i_p = c_1 i_1 + c_2 i_2 + i_p$ 內，可解出 c_1
>
> 和 c_2。

(8) 求出來的 i_h 是暫態電流，i_p 是穩態電流

例 1 求電壓源（$V_0 = \sin(t)$）與 $R = 1\Omega$ 和 $L = 1H$ 串聯的迴路電流，其中 $i_L(0) = 0$

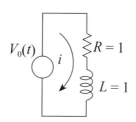

解 (1) 由 KVL 知，$v_R + v_L = V_0$

(2)（改以「電流」列出方程式）

$$\Rightarrow iR + L\frac{di}{dt} = \sin(t) \quad (R = 1，L = 1 \text{ 代入})$$

（串聯迴路的電流相同）

$$\Rightarrow i' + i = \sin(t)$$

(3) 先求 i_h，即 $i' + i = 0 \Rightarrow \lambda + 1 = 0 \Rightarrow \lambda = -1$

$$\Rightarrow i_h = c_1 e^{-t}$$

(4) 再求 i_p，令 $i_p = a\sin(t) + b\cos(t)$

$$\Rightarrow i_p' = a\cos(t) - b\sin(t)$$

$$\Rightarrow i_p' + i_p = \sin(t)$$

$$\Rightarrow [a\cos(t) - b\sin(t)] + [a\sin(t) + b\cos(t)] = \sin(t)$$

比較 $\sin x, \cos x$ 係數 $\Rightarrow$

$a - b = 1$ 且 $a + b = 0$

$\Rightarrow a = 0.5, \quad b = -0.5$

$\Rightarrow i_p = 0.5\sin(t) - 0.5\cos(t)$

(5) $i = i_h + i_p = c_1 e^{-t} + 0.5\sin(t) - 0.5\cos(t)$

(6) 代入初值 $i_L(0) = 0$ （因串聯，i_L 值等於 i 值）

$\quad \Rightarrow 0 = c_1 e^{-0} + 0.5 \times 0 - 0.5 \times 1$

$\quad \Rightarrow c_1 = 0.5$

(7) 所以 $i = i_h + i_p = 0.5 e^{-t} + 0.5\sin(t) - 0.5\cos(t)$

$\quad$ 註：i_h 是暫態電流，i_p 是穩態電流

例 2 求電流源（$I_0 = t$）與 $R = 1\Omega$ 和 $L = 1H$ 並聯的並聯電壓，
其中 $i_L(0) = 0$

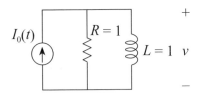

解 (1) 由 KCL 知，$i_R + i_L = I_0$

(2) （改以「電壓」列出方程式）

$\quad \Rightarrow \dfrac{v}{R} + \dfrac{1}{L}\int v\,dt = t$ （$R = 1$，$L = 1$ 代入）

$\quad$ （並聯電路的電壓相同）

$\quad \Rightarrow v + \int v\,dt = t$

(3) （若微分方程式中有積分項，要二邊微分）

$\quad \Rightarrow v' + v = 1$

(4) 先求 v_h，

即 $v' + v = 0 \Rightarrow \lambda + 1 = 0 \Rightarrow \lambda = -1$

$\Rightarrow v_h = c_1 e^{-t}$

(5) 再求 v_p，令 $v_p = a \Rightarrow v'_p = 0$

$\Rightarrow v'_p + v_p = 1 \Rightarrow 0 + a = 1 \Rightarrow a = 1$

$\Rightarrow v_p = 1$

(6) $v = v_h + v_p = c_1 e^{-t} + 1$

(7) 代入初值 $i_L(0) = 0$ 求出 c_1，

因已知 $i_L(0)$，但第 (6) 項求出的是 v，

所以由 (2) 式 $i_R + i_L = I_0 \Rightarrow \dfrac{v(t)}{R} + i_L(t) = I_0 (= t)$

（積分項要保留原來的 $i_L(t)$）

$t = 0$ 代入 $\Rightarrow \dfrac{v(0)}{R} + i_L(0) = 0 \Rightarrow v(0) + 0 = 0$

$\Rightarrow v(0) = 0$ （代入 (6) 式）

$v\big|_{t=0} = v_h\big|_{t=0} + v_p \Rightarrow 0 = c_1 e^{-0} + 1 \Rightarrow c_1 = -1$

(8) 所以 $v = v_h + v_p = -e^{-t} + 1$

註：v_h 是暫態電壓，v_p 是穩態電壓

例 3 求 $R = 1\Omega$、$L = 1H$ 和 $C = 1F$ 串聯的迴路電流（沒有電源），其中 $i_L(0) = 0$ 且 $v_C(0) = 1$

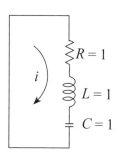

解 (1) 由 KVL 知，$v_R + v_L + v_C = 0$（串聯迴路的電流相同）

(2)（改以「電流」列出方程式）

$$\Rightarrow iR + L\frac{di}{dt} + \frac{1}{C}\int i\,dt = 0 \cdots\cdots(m)$$

（二邊微分）$\Rightarrow Ri' + Li'' + \frac{i}{C} = 0$

（$R = 1$，$L = 1$，$C = 1$ 代入）$\Rightarrow i'' + i' + i = 0$

(3) 先求 i_h，即

$$i'' + i' + i = 0 \Rightarrow \lambda^2 + \lambda + 1 = 0 \Rightarrow \lambda = \frac{-1 \pm \sqrt{3}i}{2}$$

$$i_h = e^{\frac{-1}{2}t}[c_1 \cos(\frac{\sqrt{3}t}{2}) + c_2 \sin(\frac{\sqrt{3}t}{2})]$$

(4) $i_p = 0$

(5) $i(t) = i_h = e^{\frac{-1}{2}t}[c_1 \cos(\frac{\sqrt{3}t}{2}) + c_2 \sin(\frac{\sqrt{3}t}{2})]$

(6) 代入初值 $i_L(0) = 0$、$v_C(0) = 0$：

   (a) $i_L(0) = 0 \Rightarrow 0 = e^0[c_1 \cos(0) + c_2 \sin(0)] \Rightarrow c_1 = 0$

     代入 (5) 式 $\Rightarrow i(t) = c_2 e^{\frac{-1}{2}t} \sin(\frac{\sqrt{3}t}{2})$

   (b) 因已知 $v_C(0) = 1$，但第 (5) 項求出的是 i，所以由 (m)

$$iR + L\frac{di}{dt} + v_c(t) = 0(t = 0代入)$$

$$\Rightarrow i(0) \cdot 1 + 1 \cdot \frac{di(0)}{dt} + 1 = 0 \quad（因串聯，i(0) = i_L(0)）$$

$$\Rightarrow \frac{di(0)}{dt} = -1 \quad（新的初值）$$

(c) 由 (a) 式 $i = c_2 e^{\frac{-1}{2}t} \sin(\frac{\sqrt{3}t}{2})$

$$\Rightarrow \frac{di}{dt} = \frac{-1}{2} c_2 e^{\frac{-1}{2}t} \sin(\frac{\sqrt{3}t}{2}) + \frac{\sqrt{3}}{2} c_2 e^{\frac{-1}{2}t} \cos(\frac{\sqrt{3}t}{2})$$

(d) $t = 0$ 代入 $\Rightarrow \frac{di(0)}{dt} = \frac{\sqrt{3}}{2} c_2 e^0 \cos(0) \Rightarrow -1 = \frac{\sqrt{3}}{2} c_2$

$$\Rightarrow c_2 = \frac{-2}{\sqrt{3}}$$

(7) 代入 (a) 式 $\Rightarrow i = \frac{-2}{\sqrt{3}} e^{\frac{-1}{2}t} \sin(\frac{\sqrt{3}t}{2})$

註：此題沒有電源，所以 $i_p = 0$

例 4 求電流源（$I_0 = \sin(t)$）與 $R = 1\Omega$、$L = 1H$ 和 $C = 1F$ 並聯的並聯電壓，其中 $i_L(0) = 0$ 且 $v_C(0) = 0$

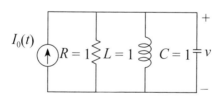

解 (1) 由 KVL 知，$i_R + i_L + i_C = I_0$（並聯電路的電壓相同）

(2)（改以「電壓」列出方程式）

$$\Rightarrow \frac{v}{R} + \frac{1}{L} \int v dt + C \frac{dv}{dt} = \sin(t) \cdots\cdots \text{(m)}$$

（二邊微分）$\Rightarrow \frac{v'}{R} + \frac{v}{L} + Cv'' = \cos(t)$

（$R = 1$，$L = 1$，$C = 1$ 代入）$\Rightarrow v'' + v' + v = \cos(t)$

(3) 先求 v_h，即 $v'' + v' + v = 0 \Rightarrow \lambda^2 + \lambda + 1 = 0$

$$\Rightarrow \lambda = \frac{-1 \pm \sqrt{3}i}{2}$$

$$v_h = e^{\frac{-1}{2}t}[c_1 \cos(\frac{\sqrt{3}t}{2}) + c_2 \sin(\frac{\sqrt{3}t}{2})]$$

(4) 再求 v_p，令 $v_p = a\sin(t) + b\cos(t)$

$$\Rightarrow v_p' = a\cos(t) - b\sin(t)$$

$$v_p'' = -a\sin(t) - b\cos(t)$$

$$\Rightarrow v_p'' + v_p' + v_p = \cos(t)$$

$$\Rightarrow [-a\sin(t) - b\cos(t)] + [a\cos(t) - b\sin(t)]$$

$$+ [a\sin(t) + b\cos(t)] = \cos(t)$$

（比較 $\sin x, \cos x$ 係數）$\Rightarrow a = 1,\ b = 0$

$$\Rightarrow v_p = \sin(t)$$

(5) $v(t) = v_h + v_p = e^{\frac{-1}{2}t}[c_1 \cos(\frac{\sqrt{3}t}{2}) + c_2 \sin(\frac{\sqrt{3}t}{2})] + \sin(t)$

(6) 代入初值：

(a) $v_C(0) = 0 \Rightarrow 0 = e^0[c_1 \cos(0) + c_2 \sin(0)] + \sin(0)$

$$\Rightarrow c_1 = 0$$

代入 (5) 式 $\Rightarrow v(t) = c_2 e^{\frac{-1}{2}t} \sin(\frac{\sqrt{3}t}{2}) + \sin(t)$

(b) 因已知 $i_L(0) = 0$，但第 (3) 式求出的是 v，所以由 (m)

$$\frac{v}{R} + i_L(t) + C\frac{dv}{dt} = \sin(t) \ (t = 0 \ 代入)$$

$$\Rightarrow \frac{v(0)}{1} + 0 + 1 \cdot \frac{dv(0)}{dt} = \sin 0 = 0$$

（因並聯，$v(0) = v_c(0)$）$\Rightarrow \dfrac{dv(0)}{dt} = 0$

(c) 由 (a) $\Rightarrow v = c_2 e^{\frac{-1}{2}t} \sin(\dfrac{\sqrt{3}t}{2}) + \sin(t)$

$\Rightarrow \dfrac{dv}{dt} = \dfrac{-1}{2} c_2 e^{\frac{-1}{2}t} \sin(\dfrac{\sqrt{3}t}{2}) + \dfrac{\sqrt{3}}{2} c_2 e^{\frac{-1}{2}t} \cos(\dfrac{\sqrt{3}t}{2})$

$+ \cos(t)$

(d) $t = 0$ 代入

$\Rightarrow \dfrac{dv(0)}{dt} = 0 + \dfrac{\sqrt{3}}{2} c_2 e^0 \cos(0) + \cos(0)$

$\Rightarrow 0 = \dfrac{\sqrt{3}}{2} c_2 + 1$

$\Rightarrow c_2 = \dfrac{-2}{\sqrt{3}}$

(7) 代入 (a) 式 $\Rightarrow v = \dfrac{-2}{\sqrt{3}} e^{\frac{-1}{2}t} \sin(\dfrac{\sqrt{3}t}{2}) + \sin(t)$

練習題

求下列電路的電壓值或電流值

1. 求電流源（$I_0 = \sin(t)$）與 $R = 1\Omega$ 和 $C = 1F$ 並聯電路的電壓，其中 $v_C(0) = 0$

   答　$v(t) = 0.5e^{-t} - 0.5\cos(t) + 0.5\sin(t)$

2. 求電壓源（$V_0 = t$）與 $R = 1\Omega$ 和 $C = 1F$ 串聯電路的電流，其中 $v_C(0) = 0$

   答　$i(t) = 1 - e^{-t}$

3. 求 $R = 1\Omega$、$L = 1H$ 和 $C = 1F$ 並聯（沒有電源）電路的電壓，其中 $i_L(0) = 0$ 且 $v_C(0) = 1$

　　答　$v(t) = \left[\cos(\frac{\sqrt{3}}{2}t) - \frac{1}{\sqrt{3}}\sin(\frac{\sqrt{3}}{2}t)\right] \cdot e^{-\frac{1}{2}t}$

4. 求電壓源（$V_0 = \sin(t)$）與 $R = 1\Omega$、$L = 1H$ 和 $C = 1F$ 串聯電路的電流，其中 $i_L(0) = 0$ 且 $v_C(0) = 0$

　　答　$i(t) = -\frac{2}{\sqrt{3}} e^{-\frac{1}{2}t} \sin\left(\frac{\sqrt{3}}{2}t\right) + \sin(t)$

第 **4** 章　其他類型微分方程式

4.1 Euler-Cauchy 微分方程式

- 第一式：Euler-Cauchy 微分方程式

■Euler-Cauchy 微分方程式的型式為 $x^2 y'' + axy' + by = r(x)$。

■其解法為：（此題型是 y'' 多乘上 x^2，y' 多乘上 x）

　（註：其解法類似解 $y'' + ay' + by = r(x)$ 的方法，本節解的

　　　　形式為 x^m，而非前面介紹的 $e^{\lambda x}$）

(1) 先解 $x^2 y'' + axy' + by = 0$，其方法為

　　令 $y = x^m$、$y' = mx^{m-1}$、$y'' = m(m-1)x^{m-2}$ 代入，

　　$\Rightarrow m(m-1)x^m + amx^m + bx^m = 0$（除以 x^m）

　　得 $m(m-1) + am + b = 0$，

　　（即 $x^2 y''$ 用 $(x^m)'' \Rightarrow m(m-1)$ 代入、xy' 用 $(x^m)' \Rightarrow m$ 代

　　　入、y 用 1 代入）

　　解出的 m 有下列三種形況：

　　(a) 若為二相異實根，m_1 和 m_2，則 $y_h = c_1 x^{m_1} + c_2 x^{m_2}$

　　(b) 若為相同實根，m_1，則 $y_h = (c_1 + c_2 \cdot \ln x) \cdot x^{m_1}$

　　(c) 若為共軛複數，$p \pm qi$，

　　　　則 $y_h = x^p \left[c_1 \cdot \cos(q \cdot \ln x) + c_2 \cdot \sin(q \cdot \ln x) \right]$

(2) 求 $x^2 y'' + axy' + by = r(x)$ 的特殊解 y_p，其方法有二：

　　(a) 若 $r(x) = x^n + \cdots$，可用「第三章第二式」的求特

　　　　解的方式來解。

　　　　即令 $y_p = a_0 + a_1 x + a_2 x^2 + \cdots + a_n x^n$

(b) 不論 $r(x)$ 為何值，均可用「第三章第四式」的變
數變換法來解，即用 $u(x)$ 和 $v(x)$ 取代 y_h 的 c_1, c_2
（註：此用法的 y'' 的係數要為 1），也就是

(i)　先求出 $x^2 y'' + axy' + by = 0$ 的解。

令為 $y_h(x) = c_1 y_1(x) + c_2 y_2(x)$

(ii) 用特定函數 $u(x)$ 和 $v(x)$ 代替上式 y_h 的 c_1 和 c_2，

即 $y_p(x) = u(x) \cdot y_1(x) + v(x) \cdot y_2(x)$

(iii)因此用法的 y'' 前的係數要為 1，

即 $y'' + \dfrac{ax}{x^2} y' + \dfrac{b}{x^2} y = \dfrac{r(x)}{x^2}$

「所以底下的 $r(x)$ 要用 $\dfrac{r(x)}{x^2}$ 代入」

(iv)將 y_p 代入原方程式，可解出 $u(x)$ 和 $v(x)$，

$u(x)$ 和 $v(x)$ 的結果為：

$u(x) = \displaystyle\int \dfrac{m(x)}{w(x)} dx$, $v(x) = \displaystyle\int \dfrac{n(x)}{w(x)} dx$

其中 $w(x) = \begin{vmatrix} y_1 & y_2 \\ y_1' & y_2' \end{vmatrix}$, $m(x) = \begin{vmatrix} 0 & y_2 \\ r(x) & y_2' \end{vmatrix}$,

$n(x) = \begin{vmatrix} y_1 & 0 \\ y_1' & r(x) \end{vmatrix}$

(3) 最後完全解 $y_c = y_h + y_p$

例 1　解 $x^2 y'' - 3xy' + 4y = 0$

解　其為 Euler-Cauchy 方程式，

令 $y = x^m$ 代入得：$m(m-1) - 3m + 4 = 0$

$\Rightarrow m^2 - 4m + 4 = 0 \Rightarrow m = 2 , 2$

所以解為 $y = (c_1 + c_2 \cdot \ln x)x^2$

例 2 解 $x^2 y'' - xy' + 5\mathrm{y} = 0$

[解] 其為 Euler-Cauchy 方程式，

令 $y = x^m$ 代入得：$m(m-1) - m + 5 = 0$

$\Rightarrow m^2 - 2m + 5 = 0 \Rightarrow m = 1 \pm 2i$

所以解為 $y = x\left[c_1 \cdot \cos(2\ln x) + c_2 \cdot \sin(2\ln x) \right]$

$\qquad\qquad = c_1 x \cos(2\ln x) + c_2 x \sin(2\ln x)$

例 3 解 $x^2 y'' - xy' - 3y = x^2 + 2x + 3$

[解] (1) 先求 y_h，令 $y = x^m$ 代入得：$m(m-1) - m - 3 = 0$

$\qquad \Rightarrow m^2 - 2m - 3 = 0 \Rightarrow m = 3, -1$

所以解為 $y_h = c_1 x^3 + c_2 x^{-1}$

(2) 再求 y_p，因 $r(x) = x^2 + 2x + 3$

令 $y_p = ax^2 + bx + c \Rightarrow y_p' = 2ax + b \Rightarrow y_p'' = 2a$

代入原方程式 $x^2 y_p'' - xy_p' - 3y_p = x^2 + 2x + 3$

$\Rightarrow x^2(2a) - x(2ax + b) - 3(ax^2 + bx + c) = x^2 + 2x + 3$

$\Rightarrow -3ax^2 - 4bx - 3c = x^2 + 2x + 3$

（比較 $x^2, x, 1$ 的係數）$\Rightarrow a = \dfrac{-1}{3},\ b = \dfrac{-1}{2},\ c = -1$

$\Rightarrow y_p = \dfrac{-1}{3}x^2 - \dfrac{1}{2}x - 1$

(3) 所以解為 $y = y_h + y_p = c_1 x^3 + c_2 x^{-1} - \dfrac{1}{3}x^2 - \dfrac{1}{2}x - 1$

例 4 解 $x^2 y'' - 2xy' + 2y = x^3 e^x$

[解] (1) 先求 y_h，令 $y = x^m$ 代入得：$m(m-1) - 2m + 2 = 0$

$\qquad \Rightarrow m^2 - 3m + 2 = 0 \Rightarrow m = 1, 2$

所以解為 $y_h = c_1 x^1 + c_2 x^2$

(2) 再求 y_p，因 y'' 前的係數要為 1，兩邊除以 x^2

原式 $\Rightarrow y'' - \dfrac{2}{x} y' + \dfrac{2}{x^2} y = \dfrac{x^3 e^x}{x^2} = x e^x$

$\Rightarrow$ 底下的 $r(x)$ 要代 $x e^x$

令 $y_1(x) = x$，$y_2(x) = x^2$，即 $y_p(x) = u(x) \cdot x + v(x) \cdot x^2$

$w = y_1(x) \cdot y_2'(x) - y_1'(x) \cdot y_2(x) = x \cdot 2x - 1 \cdot x^2 = x^2$

$u(x) = -\displaystyle\int \dfrac{y_2(x) r(x)}{w} dx = -\int \dfrac{x^2 \cdot x e^x}{x^2} dx = -\int x e^x dx$

$\qquad = -x e^x + e^x$

（註：$r(x)$ 要代 $x e^x$）

$v(x) = \displaystyle\int \dfrac{y_1(x) r(x)}{w} dx = \int \dfrac{x \cdot x e^x}{x^2} dx = \int e^x dx = e^x$

所以 $y_p(x) = u(x) \cdot x + v(x) \cdot x^2$

$\qquad = x(-x e^x + e^x) + x^2 \cdot e^x$

$\qquad = x e^x$

(3) 解 $y = y_h + y_p = c_1 x^1 + c_2 x^2 + x e^x$

練習題

1. $x^2 y'' - x y' + 4y = 0$，

　　答　$y = x[c_1 \cos \sqrt{3} \ln x + c_2 \sin \sqrt{3} \ln x]$

2. $x^2 y'' - 3x y' + 4y = 0$，

　　答　$y = x^2 [c_1 + c_2 \ln x]$

3. $x^2 y'' - 2x y' + 2y = 0$，

　　答　$y = c_1 x + c_2 x^2$

4.2 Legendre 線性常微分方程式

- 第二式：Legendre 線性常微分方程式

■ 若微分方程式為：

$$a_n(bx+c)^n y^{(n)} + a_{n-1}(bx+c)^{n-1} y^{(n-1)} + \cdots + a_1(bx+c)y' + a_0 y$$
$$= R(x)$$

　其中 $a_i, b, c \in R$，稱為為 n 階 Legendre 線性常微分方程式

■ Legendre 線性常微分方程式可利用變數變換法技巧，將它轉成 Euler-Cauchy 微分方程式

　註：本節的表示法中，

　　(a) y 對 x 微分，用撇（ㄌ）表示，如 $\dfrac{dy}{dx} = y'$；

　　(b) y 對 u 微分，用點（·）表示，如 $\dfrac{dy}{du} = \dot{y}$。

■ 做法：(1) 令 $u = bx + c$，

　　　則 $du = bdx$，$x = \dfrac{u-c}{b}$ 且

　　　$y' = \dfrac{dy}{dx} = \dfrac{dy}{du}\dfrac{du}{dx} = b\dfrac{dy}{du} = b\dot{y}$

　　　$y'' = \dfrac{d^2 y}{dx^2} = b^2 \dfrac{d^2 y}{du^2} = b^2 \ddot{y}$

　　　……

　　　$y^{(n)} = \dfrac{d^n y}{dx^n} = b^n \dfrac{d^n y}{du^n} = b^n \dot{y}^{(n)}$

　　　(2) $a_n(bx+c)^n y^{(n)} + a_{n-1}(bx+c)^{n-1} y^{(n-1)} + \cdots$
　　　　$+ a_1(bx+c)y' + a_0 y = R(x)$

$$\Rightarrow a_n(bu)^n \ddot{y}^{(n)} + a_{n-1}(bu)^{n-1} \dot{y}^{(n-1)} + \cdots$$

$$+ a_1(bu)\dot{y} + a_0 y = R\left(\frac{u-c}{b}\right)$$

則可用 Euler-Cauchy 微分方程式的解法解之

例 1 解 $(3x-2)^2 y'' + (6x-4)y' - 6y = 0$

做法 其爲 Legendre 線性常微分方程式

解 令 $u = 3x-2 \Rightarrow du = 3dx$，$x = \dfrac{u+2}{3}$ 且

$$y' = 3\dot{y}，y'' = 9\ddot{y}$$

原式 $\Rightarrow (3u)^2 \ddot{y} + 2(3u)\dot{y} - 6y = 0$

$$\Rightarrow 3u^2 \ddot{y} + 2u\dot{y} - 2y = 0 \cdots\cdots(A)$$

令 $y = u^m \Rightarrow \dot{y} = mu^{m-1}, \ddot{y} = m(m-1)u^{m-2}$ 代入 (A) 式

$(A) \Rightarrow 3m(m-1) + 2m - 2 = 0 \Rightarrow 3m^2 - m - 2 = 0$

$$\Rightarrow (3m+2)(m-1) = 0 \Rightarrow m = \frac{-2}{3}, m = 1$$

$$y_h = c_1 u^{-2/3} + c_2 u = c_1(3x-2)^{-2/3} + c_2(3x-2)$$

例 2 解 $(2x+1)^2 y'' + (4x+2)y' + 4y = 8x^2$

做法 其爲 Legendre 線性常微分方程式

解 令 $u = 2x+1 \Rightarrow du = 2dx$，$x = \dfrac{u-1}{2}$ 且

$$y' = 2\dot{y}，y'' = 4\ddot{y}$$

原式 $\Rightarrow (2u)^2 \ddot{y} + 2(2u)\dot{y} + 4y = 8\left(\frac{u-1}{2}\right)^2$

$$\Rightarrow 2u^2 \ddot{y} + 2u\dot{y} + 2y = u^2 - 2u + 1 \quad \cdots\cdots(A)$$

(1) 先求 y_h：

$2u^2\ddot{y} + 2u\dot{y} + 2y = 0$ ……(B)

令 $y = u^m \Rightarrow \dot{y} = mu^{m-1}, \ddot{y} = m(m-1)u^{m-2}$ 代入 (B) 式

$m(m-1) + m + 1 = 0 \Rightarrow m^2 + 1 = 0 \Rightarrow m = \pm i$

$y_h = c_1\cos(\ln u) + c_2\sin(\ln u)$

(2) 再求 y_p：

因 $R(u) = u^2 - 2u + 1$，令 $y_p = au^2 + bu + c$

$\dot{y}_p = 2au + b$，$\ddot{y}_p = 2a$ 代入 (A) 式

$(A) \Rightarrow 2u^2 \cdot 2a + 2u \cdot (2au + b) + 2(au^2 + bu + c) = u^2 - 2u + 1$

$\Rightarrow 10au^2 + 4bu + 2c = u^2 - 2u + 1$

$\Rightarrow a = \dfrac{1}{10}, b = -\dfrac{1}{2}, c = \dfrac{1}{2}$

所以 $y_p = \dfrac{1}{10}u^2 - \dfrac{1}{2}u + \dfrac{1}{2}$

(3) $y_c = y_h + y_p$

$= c_1\cos(\ln u) + c_2\sin(\ln u) + \dfrac{1}{10}u^2 - \dfrac{1}{2}u + \dfrac{1}{2}$

$= c_1\cos[\ln(2x+1)] + c_2\sin[\ln(2x+1)] + \dfrac{1}{10}(2x+1)^2$

$\quad - \dfrac{1}{2}(2x+1) + \dfrac{1}{2}$

4.3 高次一階變係數微分方程式

- **第三式：高次一階變係數微分方程式**

  ■ 本書 3.6 節高階微分方程式，討論的內容是高階常係數的線性微分方程式，即為：

  $$y^{(n)} + a_{n-1}y^{(n-1)} + a_{n-2}y^{(n-2)} + \cdots\cdots + a_1 y' + a_0 y = r(x)$$

  ■ 本節將討論高次一階變係數微分方程式的齊次解，即為：

  $$a_n(x)\left(\frac{dy}{dx}\right)^n + a_{n-1}(x)\left(\frac{dy}{dx}\right)^{n-1} + \cdots\cdots + a_1(x)\left(\frac{dy}{dx}\right) + a_0(x) = 0$$

  因 $\dfrac{dy}{dx}$ 可以改寫成 p，所以上式也可以寫成

  $$a_n(x)p^n + a_{n-1}(x)p^{n-1} + \cdots\cdots + a_1(x)p + a_0(x) = 0 \quad \cdots\cdots (1)$$

  ■ 若 (1) 式可以分解成（當然這是特例）：

  $[p - f_1(x,y)][p - f_2(x,y)]\cdots\cdots[p - f_n(x,y)] = 0$，則

  $$\begin{cases} p = y' = f_1(x,y) \\ p = y' = f_2(x,y) \\ \quad\quad \vdots \\ p = y' = f_n(x,y) \end{cases}$$

  上面為 n 組一階常微分方程式，可分別解出其值，如為：

  $$\begin{cases} \phi_1(x,y) = c \\ \phi_2(x,y) = c \\ \quad\quad \vdots \\ \phi_n(x,y) = c \end{cases}$$

  所以 (1) 式解為

  $$\phi_1(x,y) = c \text{ 或 } \phi_2(x,y) = c \text{ 或} \cdots\cdots \text{ 或 } \phi_n(x,y) = c$$

例 1 解 $\left(\dfrac{dy}{dx}\right)^2 + y\dfrac{dy}{dx} - x(x-y) = 0$

解 原式 $\Rightarrow p^2 + yp - x(x-y) = 0$

$\qquad \Rightarrow (p+x)(p-x+y) = 0$

$\qquad \Rightarrow (p = -x)$ 或 $(p = x-y)$

(1) $p = -x \Rightarrow \dfrac{dy}{dx} = -x \Rightarrow dy = -xdx$

$\qquad \Rightarrow y = \dfrac{-x^2}{2} + c$

$\qquad \Rightarrow \dfrac{x^2}{2} + y - c = 0$

(2) $p = x-y \Rightarrow \dfrac{dy}{dx} = x-y \Rightarrow dy = (x-y)dx \cdots\cdots(A)$

$\qquad$ 令 $u = x-y \Rightarrow du = dx - dy$ （u 取代 y）

$\qquad (A) \Rightarrow dx - du = udx$

$\qquad \Rightarrow du = (1-u)dx$

$\qquad \Rightarrow \dfrac{du}{1-u} = dx$

$\qquad \Rightarrow \displaystyle\int \dfrac{du}{1-u} = \int 1dx$

$\qquad \Rightarrow \displaystyle\int \dfrac{-d(1-u)}{1-u} = \int 1dx$

$\qquad \Rightarrow -\ln(1-x+y) = x + c$

$\qquad \Rightarrow \ln(1-x+y) + x + c = 0$

解為 $\dfrac{x^2}{2} + y - c = 0$ 或 $\ln(1-x+y) + x + c = 0$

4.4 Clairaut 方程式的求法

• 第四式：Clairaut 方程式的求法

Clairaut 方程式的形式爲 $y = xy' + f(y')$，其作法爲：

(1) 令 $u = y'$，代入 Clairaut 方程式內

　　$\Rightarrow y = x \cdot u + f(u) \cdots$ (a) 式

(2) 二邊微分 $\Rightarrow y' = u + xu' + f'(u) \cdot u'$（因 $u = y'$）

　　$\Rightarrow xu' + f'(u) \cdot u' = 0$

　　$\Rightarrow u'[\, x + f'(u)\,] = 0$

(3) 所以其解爲 $u' = 0$ 或 $x + f'(u) = 0$，即可求出

　　(i) 若 $u' = 0 \Rightarrow u = c \Rightarrow y' = c \Rightarrow y = cx + c_1$

　　　　再將 y 和 y' 代入 (a) 式，消去 c_1

　　(ii) 若 $x + f'(u) = 0 \Rightarrow x = -f'(u)$ 代入 (a) 式，可解出 x

　　　　和 y 的關係

例 1　解 $y = xy' + \dfrac{1}{2}(y')^2$

解　因它是 Clairaut 方程式，所以

(1) 令 $u = y' \Rightarrow y = xu + \dfrac{1}{2}u^2 \cdots$ (a)

(2) 二邊微分 $\Rightarrow y' = u + xu' + u \cdot u'$（因 $u = y'$）

　　$\Rightarrow u'(x + u) = 0$

(3) 其解爲 $u' = 0$ 或 $x + u = 0$

　　(i) 若 $u' = 0 \Rightarrow u = c \Rightarrow y' = c \Rightarrow y = cx + c_1 \cdots\cdots$ (b)

　　　　將 y 和 y' 代入 (a) 式消去 $c_1 \Rightarrow y = xu + \dfrac{1}{2}u^2$

$$\Rightarrow cx + c_1 = x \cdot c + \frac{1}{2}c^2$$

$$\Rightarrow c_1 = \frac{1}{2}c^2$$

所以由 (b) 式其解為 $y = cx + \frac{1}{2}c^2$

（註：因一階微分方程式只有一個任意數，所以要將多出來的任意數消去）

(ii) 若 $x + u = 0 \Rightarrow u = -x$ 代入 (a)

所以解為 $y = -x^2 + \frac{1}{2}x^2 = -\frac{x^2}{2}$

(4) 其解為 $y = cx + \frac{1}{2}c^2$ 或 $y = -\frac{x^2}{2}$

4.5　微分方程式無 x 項或無 y 項

- 第五式：微分方程式無 x 項或無 y 項（降成一階微分方程式）
  - 二階微分方程式 $F(x, y, y', y'') = 0$
    (1) 若式中無 x 項，則令 $y' = p$ 解之

    $$\Rightarrow y'' = \frac{dp}{dx} = \frac{dp}{dy} \cdot \frac{dy}{dx} = p \cdot \frac{dp}{dy}$$

    原微分方程式變成 $F\left(y, p, p\frac{dp}{dy}\right) = 0$

    (2) 若式中無 y 項，則令 $y' = p \Rightarrow y'' = p'$，

    原微分方程式變成 $F(x, p, p') = 0$

    如此可以將二階微分方程式降成一階微分方程式來解。

例 1　求 $y \cdot y'' = (y')^2$

解　二階微分方程式中無 x 項，所以令 $y' = p$

$$\Rightarrow y'' = p \cdot \frac{dp}{dy}，代入原微分方程式$$

$$\Rightarrow y \cdot p \cdot \frac{dp}{dy} = p^2 \Rightarrow p\left(y\frac{dp}{dy} - p\right) = 0$$

$$\Rightarrow p = 0 \ 或 \ y\frac{dp}{dy} - p = 0$$

(1) $p = 0$，即 $y' = 0 \Rightarrow y = c$

(2) $y\frac{dp}{dy} - p = 0 \Rightarrow \frac{dp}{p} = \frac{dy}{y} \Rightarrow \ln p = \ln y + c_1$

$$\Rightarrow p = c_2 y$$

而 $p = y'$ 代入

$$\Rightarrow y' = c_2 y \Rightarrow \frac{dy}{dx} = c_2 y \Rightarrow \frac{dy}{y} = c_2 dx$$

$$\Rightarrow \ln y = c_2 x + c_3$$

(3) 解為 $y = c$ 或 $\ln y = c_2 x + c_3$

例 2 求 $xy'' - (y')^3 - y' = 0$

解 因二階微分方程式中無 y 項，所以令 $y' = p$

$\Rightarrow y'' = p'$（代入原微分方程式）

$$\Rightarrow xp' - p^3 - p = 0 \Rightarrow x \cdot \frac{dp}{dx} = p^3 + p$$

$$\Rightarrow \frac{dp}{p(p^2 + 1)} = \frac{dx}{x}$$

$$\Rightarrow \int \frac{dp}{p(p^2 + 1)} = \int \frac{dx}{x} + c \cdots (A)$$

(1) $\dfrac{1}{p(p^2 + 1)} = \dfrac{Ap + B}{p^2 + 1} + \dfrac{D}{p} \Rightarrow A = -1, B = 0, D = 1$

所以 $\int \dfrac{dp}{p(p^2 + 1)} = \int \dfrac{-p}{p^2 + 1} dp + \int \dfrac{1}{p} dp$

$$= -\frac{1}{2}\ln(p^2 + 1) + \ln(p)$$

(2) $\int \dfrac{dx}{x} = \ln|x|$

(1)(2) 代入 (A) 式

$$\Rightarrow -\frac{1}{2}\ln(p^2 + 1) + \ln|p| = \ln|x| + c$$

$$\Rightarrow \ln \frac{p}{\sqrt{p^2 + 1}} = \ln x + c$$

$$\Rightarrow \frac{c_1 p}{\sqrt{p^2+1}} = x \ (c_1 = e^{-c})$$

$$兩邊平方 \Rightarrow \frac{c_1^2 p^2}{p^2+1} = x^2 \Rightarrow p^2 x^2 + x^2 = c_1^2 p^2$$

$$\Rightarrow p^2 = \frac{x^2}{c_1^2 - x^2} \Rightarrow p = \pm \frac{x}{\sqrt{c_1^2 - x^2}}$$

$$因 \ p = \frac{dy}{dx} \Rightarrow \frac{dy}{dx} = \pm \frac{x}{\sqrt{c_1^2 - x^2}}$$

$$\Rightarrow dy = \pm \frac{x}{\sqrt{c_1^2 - x^2}} dx$$

$$\Rightarrow y = \mp \sqrt{c_1^2 - x^2} + c_2$$

$$\Rightarrow (y - c_2)^2 = c_1^2 - x^2$$

4.6 冪級數法

• 第六式：冪級數法

(1) $f(x)$ 若以 $(x - x_0)$ 的冪次展開，則

$$f(x) = \sum_{n=0}^{\infty} a_n (x - x_0)^n = a_0 + a_1 (x - x_0) + a_2 (x - x_0)^2 + \cdots\cdots$$

其中 x 爲變數。$a_0, a_1, a_2, \cdots$ 爲常數，此級數爲 Taylor 展開式（展開式要收斂，此展開式才有意義）。

(2) 若 $x_0 = 0$，則 $f(x)$ 可表爲

$$f(x) = \sum_{n=0}^{\infty} a_n x^n = a_0 + a_1 x + a_2 x^2 + a_3 x^3 + \cdots\cdots$$

此級數稱爲 Maclaurin 展開式。

(3) 常見的 Maclaurin 展開式有：

(a) $\dfrac{1}{1-x} = \sum_{n=0}^{\infty} x^n = 1 + x + x^2 + x^3 + \cdots\cdots$，$|x| < 1$

(b) $e^x = \sum_{n=0}^{\infty} \dfrac{x^n}{n!} = 1 + \dfrac{x}{1!} + \dfrac{x^2}{2!} + \dfrac{x^3}{3!} + \cdots\cdots$，$-\infty < x < \infty$

(c) $\cos x = \sum_{n=0}^{\infty} \dfrac{(-1)^n x^{2n}}{(2n)!} = 1 - \dfrac{x^2}{2!} + \dfrac{x^4}{4!} - + \cdots\cdots$，$-\infty < x < \infty$

(d) $\sin x = \sum_{n=0}^{\infty} \dfrac{(-1)^n x^{2n+1}}{(2n+1)!} = x - \dfrac{x^3}{3!} + \dfrac{x^5}{5!} - + \cdots\cdots$

$\quad -\infty < x < \infty$

(e) $\ln(1+x) = \sum_{n=0}^{\infty} \dfrac{(-1)^n x^{n+1}}{n+1} = x - \dfrac{x^2}{2} + \dfrac{x^3}{3} - + \cdots\cdots$，$|x| < 1$

註：上面展開式後面的 x 限制，是爲了讓此展開式收斂

> (4) 若要用冪級數解 $y'' + p(x)y' + q(x)y = 0$，其作法為：
>
> (a) 將 $p(x)$ 和 $q(x)$ 以 x 的冪級數表示（通常 $p(x)$ 和 $q(x)$ 為多項式）。
>
> (b) 令 $y = \sum_{n=0}^{\infty} a_n x^n = a_0 + a_1 x + a_2 x^2 + a_3 x^3 + \cdots\cdots$
>
> 得 $y' = \sum_{n=1}^{\infty} n a_n x^{n-1} = a_1 + 2a_2 x + 3a_3 x^2 + \cdots\cdots$
>
> 得 $y'' = \sum_{n=2}^{\infty} n(n-1) a_n x^{n-2} = 2a_2 + 3 \cdot 2a_3 x + 4 \cdot 3a_4 x^2 + \cdots\cdots$
>
> (c) 將 y, y' 和 y'' 代入 $y'' + p(x)y' + q(x)y = 0$，再將 x 的冪次相同的項收集在一起。
>
> (d) 令 x^i 項的係數為 0（因等號右邊為 0），再從常數項開始，找出 $a_0, a_1, a_2, \cdots$ 的值。

例 1 用冪級數法解 $y' = 2xy$

解 令 $y = \sum_{n=0}^{\infty} a_n x^n = a_0 + a_1 x + a_2 x^2 + a_3 x^3 + \cdots\cdots$

得 $y' = \sum_{n=1}^{\infty} n a_n x^{n-1} = a_1 + 2a_2 x + 3a_3 x^2 + \cdots\cdots$

代入 $y' = 2xy$

$\Rightarrow a_1 + 2a_2 x + 3a_3 x^2 + \cdots\cdots = 2x(a_0 + a_1 x + a_2 x^2 + \cdots\cdots)$

$\Rightarrow a_1 + 2a_2 x + 3a_3 x^2 + 4a_4 x^3 \cdots = 2a_0 x + 2a_1 x^2 + 2a_2 x^3 + \cdots$

$\Rightarrow a_1 = 0$，$2a_2 = 2a_0$，$3a_3 = 2a_1$，$4a_4 = 2a_2$

因此 $a_3 = 0$，$a_5 = 0$，$a_7 = 0$，$\cdots\cdots$

而 $a_2 = a_0$，$a_4 = \dfrac{a_2}{2} = \dfrac{a_0}{2!}$，$a_6 = \dfrac{a_4}{3} = \dfrac{a_0}{3!}$，$\cdots\cdots$

所以 $y = a_0(1 + x^2 + \dfrac{x^4}{2!} + \dfrac{x^6}{3!} + \cdots\cdots) = a_0 e^{x^2}$

另解：$y' = 2xy$

$\Rightarrow 1 \cdot a_1 x^0 + \displaystyle\sum_{n=2}^{\infty} n a_n x^{n-1} = 2x \sum_{n=0}^{\infty} a_n x^n = \sum_{n=0}^{\infty} 2 a_n x^{n+1}$

令上式的左邊 $n = s + 2$、右邊 $n = s$，

上式 $\Rightarrow a_1 + \displaystyle\sum_{s=0}^{\infty}(s+2)a_{s+2} x^{s+1} = \sum_{s=0}^{\infty} 2 a_s x^{s+1}$

$\Rightarrow a_1 = 0$ 且 $(s+2)a_{s+2} = 2a_s$ 或 $a_{s+2} = \dfrac{2}{s+2} a_s$

也就是 $a_1 = 0$，$a_3 = 0$，$a_5 = 0$，$a_7 = 0$，$\cdots\cdots$

且 $a_2 = a_0$，$a_4 = \dfrac{a_2}{2} = \dfrac{a_0}{2!}$，$a_6 = \dfrac{a_4}{3} = \dfrac{a_0}{3!}$，$\cdots\cdots$

（同上解）

例 2 用冪級數法解 $y'' + y = 0$

解 令 $y = \displaystyle\sum_{n=0}^{\infty} a_n x^n = a_0 + a_1 x + a_2 x^2 + a_3 x^3 + \cdots\cdots$

得 $y' = \displaystyle\sum_{n=1}^{\infty} n a_n x^{n-1}$ ；

$\qquad y'' = \displaystyle\sum_{n=2}^{\infty} n(n-1) a_n x^{n-2}$

$y'' + y = 0 \Rightarrow \displaystyle\sum_{n=2}^{\infty} n(n-1) a_n x^{n-2} + \sum_{n=0}^{\infty} a_n x^n = 0$

令上式的左邊 $n = s + 2$、右邊 $n = s$，

上式 $\Rightarrow \displaystyle\sum_{s=0}^{\infty}(s+2)(s+1) a_{s+2} x^s = -\sum_{s=0}^{\infty} a_s x^s$，

左右相同 x^s 的係數要相同

$$\Rightarrow (s+2)(s+1)a_{s+2} = -a_s$$

$$\Rightarrow a_{s+2} = -\frac{a_s}{(s+2)(s+1)} \ , \ s = 0, 1, 2, 3\cdots\cdots$$

$$\Rightarrow a_2 = -\frac{a_0}{2\cdot 1} = -\frac{a_0}{2!} \ , \ a_3 = -\frac{a_1}{3\cdot 2} = -\frac{a_1}{3!} \ ,$$

$$a_4 = -\frac{a_2}{4\cdot 3} = \frac{a_0}{4!} \ , \ a_5 = -\frac{a_3}{5\cdot 4} = \frac{a_1}{5!} \ , \ \cdots\cdots$$

所以 $y = a_0 + a_1 x - \dfrac{a_0}{2!}x^2 - \dfrac{a_1}{3!}x^3 + \dfrac{a_0}{4!}x^4 + \dfrac{a_1}{5!}x^5 - \cdots\cdots$

$$= a_0\left(1 - \frac{x^2}{2!} + \frac{x^4}{4!} - \cdots\right) + a_1\left(x - \frac{x^3}{3!} + \frac{x^5}{5!} - \cdots\right)$$

$$\Rightarrow y = a_0 \cos x + a_1 \sin x$$

例 3 [The Legendre Equation] α 階的 Legendre 方程式是一個二階的線性微分方程式，其為

　　$(1-x^2)y'' - 2xy' + \alpha(\alpha+1)y = 0$，其中 $\alpha > -1$

它可用冪級數的方法，求出其解

解 (1) 用 $y = \displaystyle\sum_{m=0}^{\infty} c_m x^m$ 代入

　　則 $y' = \displaystyle\sum_{m=1}^{\infty} m c_m x^{m-1}$，$y'' = \displaystyle\sum_{m=2}^{\infty} m(m-1)c_m x^{m-2}$

(2) $(1-x^2)y'' - 2xy' + \alpha(\alpha+1)y = 0$

$$\Rightarrow (1-x^2)\sum_{m=2}^{\infty} m(m-1)c_m x^{m-2} - 2x\sum_{m=1}^{\infty} m c_m x^{m-1}$$

$$+ \alpha(\alpha+1)\sum_{m=0}^{\infty} c_m x^m = 0$$

$$\Rightarrow \sum_{m=2}^{\infty} m(m-1)c_m x^{m-2} - \sum_{m=2}^{\infty} m(m-1)c_m x^m - \sum_{m=1}^{\infty} 2mc_m x^m$$

$$+ \alpha(\alpha+1)\sum_{m=0}^{\infty} c_m x^m = 0$$

（將第一項的 m 用 m+2 代）

$$\Rightarrow \sum_{m=0}^{\infty} (m+2)(m+1)c_{m+2} x^m - \sum_{m=2}^{\infty} m(m-1)c_m x^m - \sum_{m=1}^{\infty} 2mc_m x^m$$

$$+ \alpha(\alpha+1)\sum_{m=0}^{\infty} c_m x^m = 0$$

(a) 比較 x^0 的係數 (m 用 0 代)：

$$2c_2 + \alpha(\alpha+1)c_0 = 0$$

$$\Rightarrow c_2 = -\frac{\alpha(\alpha+1)}{2}c_0$$

(b) 比較 x^1 的係數 (m 用 1 代)：

$$3 \cdot 2c_3 - 2c_1 + \alpha(\alpha+1)c_1 = 0$$

$$\Rightarrow 3 \cdot 2c_3 + (\alpha-1)(\alpha+2)c_1 = 0$$

$$\Rightarrow c_3 = -\frac{(\alpha-1)(\alpha+2)}{2 \cdot 3}c_1$$

(c) 比較 x^m，$m \geq 2$ 的係數：

$$(m+2)(m+1)c_{m+2} - m(m-1)c_m - 2mc_m + \alpha(\alpha+1)c_m = 0$$

$$\Rightarrow (m+2)(m+1)c_{m+2} + (-m^2 - m + \alpha^2 + \alpha)c_m = 0$$

$$\Rightarrow (m+2)(m+1)c_{m+2} + [\alpha^2 + \alpha - m(m+1)]c_m = 0$$

$$\Rightarrow c_{m+2} = -\frac{(\alpha-m)(\alpha+m+1)}{(m+1)(m+2)}c_m，\ m \geq 2$$

(3) $y_h = c_0 + c_1 x + c_2 x^2 + c_3 x^3 + \cdots\cdots$

$\qquad = c_0 + c_1 x + \dfrac{-\alpha(\alpha+1)}{1\cdot 2}c_0 x^2 + \dfrac{-(\alpha-1)(\alpha+2)}{2\cdot 3}c_1 x^3 + \cdots\cdots$

$\qquad = c_0 \left[1 - \dfrac{\alpha(\alpha+1)}{1\cdot 2}x^2 + \cdots \right] + c_1 \left[x - \dfrac{(\alpha-1)(\alpha+2)}{2\cdot 3}x^3 + \cdots \right]$

附錄：證明用參數變換法求特解（求 y_p）

試證：用參數變換法來求 $y'' + ay' + by = r(x)$ 特解。

　　（註：此用法的 y'' 前的係數要爲 1）

證明：

(1) 先求 $y'' + ay' + by = r(x)\cdots\cdots$(a) 的 y_h，

　　即求 $y'' + ay' + by = 0$ 的解。

　　令爲 $y_h(x) = c_1y_1(x) + c_2y_2(x)$

(2) 假設 $y_p(x) = u(x)y_1 + v(x)y_2\cdots\cdots$(b)

　　（此時 $u(x)$ 和 $v(x)$ 是未知函數）

　　$y'_p(x) = u'y_1 + uy'_1 + v'y_2 + vy'_2$

(3) 因有二個未知數 $u(x)$ 和 $v(x)$，而只有一條件方程式（a 式）

　　必須要再有一條件方程式才可解出 $u(x)$ 和 $v(x)$，可令

　　$u'y_1 + v'y_2 = 0\cdots\cdots$(c)

　　即 $y'_p(x) = uy'_1 + vy'_2\cdots\cdots$(d)

　　$\Rightarrow y''_p(x) = u'y'_1 + uy''_1 + v'y'_2 + vy''_2\cdots\cdots$(e)

(4) 將 (b), (d), (e) 代入 (a) 式，且將有 $u(x)$ 放一起，有 $v(x)$ 放一起

　　$\Rightarrow u(y''_1 + ay'_1 + by_1) + v(y''_2 + ay'_2 + by_2) + u'y'_1 + v'y'_2 = r\cdots\cdots$(f)

　　因 y_1 和 y_2 是 $y'' + ay' + by = 0$ 的解（即代入後爲 0）

　　(f) $\Rightarrow u'y'_1 + v'y'_2 = r\cdots\cdots$(g)

(5) 由 (c) 和 (g) $\begin{cases} u'y_1 + v'y_2 = 0 \\ u'y'_1 + v'y'_2 = r \end{cases}$，可解得

　　$u'(x) = \dfrac{m(x)}{w(x)}$，$v'(x) = \dfrac{n(x)}{w(x)}$

其中 $w(x) = \begin{vmatrix} y_1 & y_2 \\ y_1' & y_2' \end{vmatrix}$，$m(x) = \begin{vmatrix} 0 & y_2 \\ r(x) & y_2' \end{vmatrix}$ 和 $n(x) = \begin{vmatrix} y_1 & 0 \\ y_1' & r(x) \end{vmatrix}$

(6) 二邊積分

$$u(x) = \int \frac{m(x)}{w(x)}\, dx \,,\, v(x) = \int \frac{n(x)}{w(x)}\, dx$$

國家圖書館出版品預行編目資料

第一次學工程數學就上手. 1. 微積分與微分
方程式／林振義著. -- 四版. -- 臺北市：
五南圖書出版股份有限公司, 2024.11
面；　公分
ISBN 978-626-393-850-2(平裝)

1.CST: 工程數學

440.11　　　　　　　　　113015619

5BE7

第一次學工程數學就上手(1)
── 微積分與微分方程式

作　　者 ― 林振義（130.6）

企劃主編 ― 王正華

責任編輯 ― 金明芬、張維文

封面設計 ― 封怡彤

出 版 者 ― 五南圖書出版股份有限公司

發 行 人 ― 楊榮川

總 經 理 ― 楊士清

總 編 輯 ― 楊秀麗

地　　址：106台北市大安區和平東路二段339號4樓

電　　話：(02)2705-5066　　傳　　真：(02)2706-6100

網　　址：https://www.wunan.com.tw

電子郵件：wunan@wunan.com.tw

劃撥帳號：01068953

戶　　名：五南圖書出版股份有限公司

法律顧問　林勝安律師

出版日期　2019年 9 月初版一刷
　　　　　2020年 1 月二版一刷
　　　　　2020年12月三版一刷（共三刷）
　　　　　2024年11月四版一刷

定　　價　新臺幣250元

經典永恆・名著常在

五十週年的獻禮——經典名著文庫

五南，五十年了，半個世紀，人生旅程的一大半，走過來了。

思索著，邁向百年的未來歷程，能為知識界、文化學術界作些什麼？

在速食文化的生態下，有什麼值得讓人雋永品味的？

歷代經典・當今名著，經過時間的洗禮，千錘百鍊，流傳至今，光芒耀人；

不僅使我們能領悟前人的智慧，同時也增深加廣我們思考的深度與視野。

我們決心投入巨資，有計畫的系統梳選，成立「經典名著文庫」，

希望收入古今中外思想性的、充滿睿智與獨見的經典、名著。

這是一項理想性的、永續性的巨大出版工程。

不在意讀者的眾寡，只考慮它的學術價值，力求完整展現先哲思想的軌跡；

為知識界開啟一片智慧之窗，營造一座百花綻放的世界文明公園，

任君遨遊、取菁吸蜜、嘉惠學子！